在中西味蕾间

游弋的食谱

Recipes for Journeys
between Chinese and
Western Palates

陈楠 著

U0361061

电子工业出版社·
Publishing House of Electronics Industry
北京·BEIJING

Preface
前言

　　有句拉丁谚语说得好，De guistibus non est disputandum —— 吃喝无需争议。"民以食为天"的道理是中西共通的，吃好的同时也能吃"懂"饮馔文化，这才是大有裨益的乐事。

　　受家庭影响，我从小就对美食有着偏好。成年后，由于学习和工作的需要，我得以在世界各地周游。旅途中的见闻和品尝到的地方特色美食，更让我对"美食与文化"这个主题产生了浓厚的兴趣。从小植根在心中的种子开始萌芽生长。

　　书中谈的是我的"食·旅"经历。《纽约时报》中文网创立之初，应编辑邀请，我开始设立美食专栏。在撰稿的三年时间里，每期专栏都是我"钩沉索隐"般的自由命题美食随笔。这一篇篇介乎于笔记、游记和历史考证的文章，皆以美食为着眼点，灵感来自于随手翻看到的历史趣事；旅途中偶遇的某道菜；美术馆里看到的"黄金时代"的画作；或者是在当地市场发现的刚上市的新鲜而奇特的食材。稿件写好，我还要附上自己写的食谱，并亲下庖厨。这样不但加深了对食物和文化的了解，也要比吃现成的菜肴更有趣味。凡此种种，都是为了找出中西饮食与文化间千丝万缕的联系。

　　因此，我建议大家不用从头按顺序翻看这本书，而是可以信手翻到某一页，用手指滑动到自己喜爱的关键词 —— 这或许是梦想中的旅行目的地、几味从未听闻过的稀奇原材料、美食静物画中的隐喻和故事、中世纪欧洲"拉伯雷式"的珍馐盛宴、名著里出现的某道食谱、自己一直想知道的烹调窍门。就这样随心所欲，选上一段读，看到令人食指大动之时，正好可以选中食谱中的一道，做给自己和家人吃，并由此体味到美食与文化碰撞出的真味。

　　希区柯克说过，每个人生来都具有"悬念癖"。而作家就是把"悬念"兜售给读者，使他们得到迫切想知道的事情而已。这本书也充满了一个个美食"悬念"：虽然每篇文章的开始都以美食为出发点，但在结尾时，读者们会被引领到达一个个新的目的地。

　　感谢时任《纽约时报中文网》副主编的于困困女士的识略和一以贯之的指导。感谢本书策划编辑白兰女士对书稿出版给予的至诚的关注，没有她的积极支持，我不可能进一步理清思路，向一个更广大的读者群介绍文化与美食的内在关系。

　　更要感谢父母助我斟酌文字、复核材料；感谢我先生在繁忙工作之余，为书中每篇文章的标题页手绘精美插图，亲人的帮助使本书增色不少。

　　限于自己的学识，书中仍会有不少疏误，敬请不吝指正！

　　谨以此书献给我的家人，Sine Quibus Non！

目录

III 不寻常的家常菜

IV 分享美食也分享故事

V 是美食，更是史诗

几款传奇的原材料

欧洲重口味:

罂粟籽鲜奶酪挞

罂粟籽鲜奶酪挞
Poppy Seed Fromage Blanc Tart

最早见到罂粟籽,还是我在荷兰求学的时候。先是在面包店里看到裹满黑色小籽的面包——这些籽儿如针头般大小,大概只有芝麻的四分之一。有天我买了一个盖着厚厚一层小黑籽的面包,一口咬下去,满嘴咯吱咯吱作响,旋即从舌根传来了坚果般的香气。味道虽不像炒熟的芝麻那样浓烈,后味却很足。这小黑籽到底是什么呢?

那时候我寄住在父母的荷兰好友家,夫妇两个都是成长在20世纪60年代的嬉皮士,他们年轻时游历世界,甚至为追随古巴共产党,还在哈瓦那长期生活过。绕世界走了一圈,回到荷兰后,俩人成了伊拉斯谟(Erasmus)大学的知名教授。他们最喜欢的就是饭后给对方卷根儿烟,来杯咖啡,坐在宽大的可以眺望到克拉林根湖的起居室里天南地北地聊天儿。这小黑籽的来由,就应该去问他们。

我拿着咬了一半的面包,一路小跑,回家求教。女主人见了大笑,"你不知道这个是什么? Come on,这可还跟你们中国近代史有关呢!"她这么一说,我更糊涂了。教授职业使然,她并没有直接给答案,而是开始谈起东印度公司,18世纪60年代曾经在印度急速扩张的罂粟种植、采集,然后制成特殊产品——鸦片,再运往中国的这段历史。"啊!鸦片战争!"我立马脱口而出。"Bravo!!"他们夫妇俩一起鼓掌,然后问,"这下你知道了?"难道说我刚刚吃了……,想到这儿,我赶紧追问:"这个有毒性么,会上瘾么?"。又是一阵爽朗大笑,"当然不会,罂粟籽是有药用价值的保健品呢!"。见我仍半信半疑,男主人从剩下的半个面包上掰下一块儿放进嘴里,说:"看,没事儿!"

/ 罂粟花，罂粟头和提取的罂粟籽

的确，罂粟籽的收获和鸦片的获取只能二者选其一。这是因为只有等到罂粟花结有蒴果，并完全干燥后，才能开粟收获成熟的罂粟籽。略通常识就该知道，干燥的罂粟果壳无法再用来提取令人上瘾的毒液。因此，收获罂粟籽就如同杀鸡取卵，是取了真正的精华。早在新石器时代，罂粟籽就出现在小亚细亚和地中海中部。距今5000多年，住在两河流域的苏美尔人也曾用楔形文字记载过罂粟。再后来传到埃及，公元初到印度，大约在公元 6、7 世纪的时候传入中国。

古代的中西方药师都曾把罂粟当作药材使用。因为它的麻醉功效，在《圣经》和《荷马史诗》里，从罂粟中提取的鸦片被描述为神奇的"忘忧草"，就连上帝也使用它。17 世纪的英国"鸦片哲人"、临床医学的奠基人托马斯·悉登汉姆（Thomas Sydenham）就曾说过："我忍不住要大声歌颂伟大的上帝，没有鸦片，医学将不过是个跛子！"。

唐开元时期的《本草拾遗》是最早记载罂粟的中国药典。宋代医家用来消灾治病都少不了罂粟籽和罂粟壳。当时的医生普遍认为罂粟有治疗腹痛、咳嗽、养胃、调肺和便口利喉的功效。民间百姓也深信罂粟壳的滋补功能，拿来煮粥的大有人在。有苏轼诗为证："道人劝饮鸡苏水，童子能煎莺粟汤。"他的兄弟苏辙也曾用"研作牛乳，烹为佛粥"来称赞罂粟籽的妙用。

自从我的美食材料里多了罂粟籽，慢慢地，我发现这些细小的魔幻般的身影几乎随处可见：撒满罂粟籽的贝果和德国面包圈，卷着罂粟籽酱的波兰蛋糕卷和奥地利饼干，还有新近流行开来的用罂粟籽做最后点缀的健康沙拉和三明治。我自己更是不时奢侈地把罂

《罂粟籽蛋糕》（1910）
阿道夫·芬易斯（Adolf Fényes）
（1867-1945）
（匈牙利国家美术馆，布达佩斯）

在中欧很多国家，有很多常见的加入罂粟籽的甜点。而罂粟籽作为佐料，已经被使用了 2600 年。生活在公元 1 世纪时的罗马新贵特拉马乔（Trimalchio）以喜好摆豪华宴会而出名。有次请客，餐桌中心标志菜点是一排先粘了蜂蜜，又裹上一层罂粟籽的小田鼠。如果说罂粟籽是很多人心中的禁忌食材的话，这道菜真是禁忌中的禁忌了。

粟籽撒在做好的炸酱面和意大利面上吃。

聂鲁达有首食谱诗，名为《康吉鳗羹之颂》（*Ode to a Caldillo de Congrio*）。我最喜欢全诗结尾："从这一道羹／你便能认识天国。"迄今为止，美食的魔力一次次托举着我飞向天国。但在罗马尼亚美丽的特兰西瓦尼亚（Transylvania）山区小镇一次与罂粟籽有关的美食经历，绝对是我离天国最近的一次。那年 4 月底和朋友去罗马尼亚滑雪（对，真的是 4 月底，那时候可以穿着短袖 T 恤滑雪！），并得以走遍罗马尼亚全境。那里一山一水一村镇，就是小时候迷恋苏俄文学的父母给我描述的样子。在山区里的一间餐厅，我第一次吃到了黑巧克力罂粟籽蛋糕。

蛋糕外面是厚厚的一层黑巧克力，还有手工抹刀造型的痕迹。用刀切开的时候，蛋糕立刻松软地落在盘子里。看到黑色的罂粟籽和奶白色的杏仁粉相间，未曾下嘴我就已经被笼罩在浓烈的幸福感里。这两样货真价实的原料配在一起，真令人心花怒放。再一尝，罂粟籽的坚果香气裹挟着杏仁粉和奶糖结合的厚实口感，让人越吃越着迷，真是一口接一口完全停不下来，过后满嘴香醇甘甜。恍惚间自觉身轻了 21 克①。

至今想起那次东欧旅行，还总是味觉记忆占先。松木炭火炙烤过的 mititei（牛羊猪绞肉辣味香肠），农家自酿的甘甜水果酒，微酸的乡村黑面包，还有朋友母亲亲手做的烤甜椒酱——像是多幕舞台剧里的众位主角，先后有序玲珑上场——但是这些都比不上那第一口罂粟籽蛋糕带给我的快乐。

用罂粟籽做甜点，总让我有施展法术般的快感。它们一粒粒散发着铁青色的金属光辉，须仔细观察才可以看到腰子般的形状，就像是闪着神奇光辉的魔法道具。罂粟籽又是那么细小，好像随时会

①：文中提到的"21 克"是泛指的灵魂的重量。1907 年美国麻省的医生邓肯·麦克道高（Dr.Duncan MacDougall）验证灵魂是一种可以测量的物质，重约 21 克。

有几粒从手指缝间溜掉，手里抓上一把，也只有一克多点儿重（3300
多粒罂粟籽的重量是 1 克）！

　　热爱美食的人，从来都是借助食物来体验身边世界的吧。想体
验那暂时离开身体的 21 克，是怎样一路向上，接近天国，咱们不
如就做个罂粟籽鲜奶酪挞吧！

罂粟籽鲜奶酪挞

Poppy Seed Fromage Blanc Tart

准备时间：30 分钟　烘焙时间：60 分钟

原料

挞皮原料

- 250 克面粉；
- 100 克黄油，切成 小块，室温软化；
- 100 克糖粉；
- 1 小撮盐；
- 1 个大号鸡蛋，室温。

罂粟籽奶酪馅

- 250 克鲜奶酪（fromage blanc，也就是新鲜软奶酪）；
- 70 克希腊浓稠酸奶；
- 2 个鸡蛋；
- 70 克白砂糖；
- 100 克罂粟籽（提前一天将罂粟籽放入等量牛奶中浸泡，放入冰箱保存）；
- 20 克淀粉。

做法

[1]

将面粉、糖粉和盐混合，放入黄油，用指尖揉搓，直到面粉混合物成为粗沙砾状，此时加入略打散的鸡蛋，直到合成一团；

[2]

将面团压扁成圆饼状，包上保鲜膜，入冰箱冷藏至少 1 小时；

[3]

烤箱预热 180℃，将挞坯从冰箱取出，擀成厚度为 3 毫米左右的圆片，盖在准备好的派模子上，在上面盖上一层锡纸，锡纸上放一些压重物（比如豆子或米粒），进烤箱烤 12 分钟左右。12 分钟后，拿掉锡纸，再烤 10 分钟；

[4]

取一只大碗，搅拌鲜奶酪和希腊酸奶，放入白砂糖，再一个一个地放入鸡蛋搅拌，加入淀粉，最后放入沥干的罂粟籽；

[5]

将搅拌好的罂粟籽鲜奶酪馅倒入挞皮，180℃烤 40 分钟左右。

* 吃的时候可以点缀薄荷叶，并佐以少许柠檬汁。

自制马斯卡彭奶酪，
为意大利菜点睛

马斯卡彭菠菜浓汁意大利面 / 马斯卡彭苹果蛋糕
Mascarpone and Spinach Pasta / Apple Mascarpone Cake

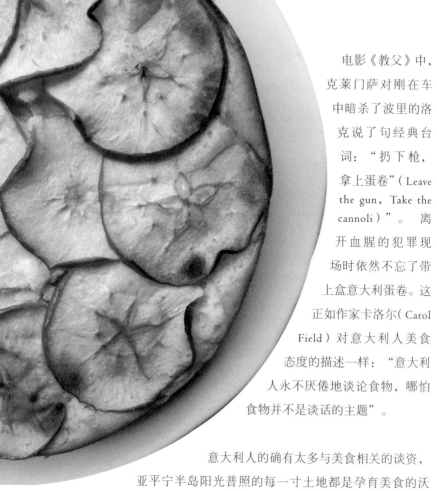

电影《教父》中，克莱门萨对刚在车中暗杀了波里的洛克说了句经典台词："扔下枪，拿上蛋卷"（Leave the gun，Take the cannoli）"。离开血腥的犯罪现场时依然不忘了带上盒意大利蛋卷。这正如作家卡洛尔（Carol Field）对意大利人美食态度的描述一样："意大利人永不厌倦地谈论食物，哪怕食物并不是谈话的主题"。

意大利人的确有太多与美食相关的谈资，亚平宁半岛阳光普照的每一寸土地都是孕育美食的沃土。在那里，"意大利人把食材幻化为诗意的元素，并把它们升华为世界上最美的物品"——《意大利人为什么爱谈吃》一书的作者伊莲娜·柯斯提欧克维奇（Elena Kostioukovitch）就这样赞誉过。让人目不暇给的意大食材中，我最钟情于马斯卡彭奶酪（mascarpone）。因为在我看来它最有魔力，最能让日常吃食幻化为一道道美味。

严谨地说，马斯卡彭不应该算是奶酪。因为它不是用菌种发酵而成，也没有使用凝乳霉，这和制造奶酪的程序完全不同，它滑润的口感也更接近奶油。在家自制马斯卡彭奶酪会有点石成金的快乐：因为原材料使用的是含脂量很低的淡奶油，先加热再调入有机酸后（比如葡萄里富含的酒石酸，或者柠檬酸），略为搅拌，冷却凝固后就变成了含脂量高达百分之七十五的马斯卡彭奶酪。这么高的含脂量肯定会让瘦身爱好者大惊失色，可想想那一道道没它不可的意大利美食，还是闭上眼睛尽情享受最符合人之常情吧——意大利蛋卷（cannoli），提拉米苏（tiramisu），奶油烩饭（risotto），奶酱意大利面（spaghetti with mascarpone sauce）——如果在我面前放一罐马斯卡彭奶酪，我只需要一只勺，然后一勺一勺舀起吃进嘴里，醇厚的奶香就是最熨贴的享受。

《健康全书》

（Tacuinum Sanitatis-Casanatense 4182 "alimenti, formaggi"），14世纪，意大利）

/ 中世纪意大利，人们制作乳清奶酪的场景。

马斯卡彭这个名字据说来自西班牙语"mas que bueno"，意为"好上加好"。想想用马斯卡彭不但可以做出各式美味，还可以让普通食材华丽变身，这个名字起得真是名副其实。如果爱吃咸味，用马斯卡彭和腌鳀鱼配上芥末酱和香草，就能调出可口的咸味抹酱（很难想象没有腌鳀鱼anchovy的意大利料理！有关腌鳀鱼，可参见下一篇文章《小咸鱼撑大舞台》）；传统的伦巴第奶油烩饭（Lombardy risotto）在做好出锅前加上几勺马斯卡彭奶酪，不但颜色更漂亮，味

道也更香浓。同样的做法还适用于意大利面（spaghetti）和玉米糕（polenta）的最后调味。马斯卡彭自带微甜口味，所以也特别适合用来制作甜食：简单地兑进一些蜂蜜，然后抹在面包和饼干上食用就是理想的茶点；草莓和无花果蘸着马斯卡彭吃，味道会加倍鲜甜。当然，马斯卡彭也是制作提拉米苏和意大利蛋卷的关键原料。

　　世界美食地图上也有很多和马斯卡彭口感类似的软质奶酪（奶油），比如黎巴嫩的酸奶奶酪（labneh），蘸食皮塔饼最搭；法国布列塔尼和诺曼底地区出产的鲜奶油（cream fraîche）可以为浓汤调味，也可以用来蘸食鲜果；英式的凝脂奶油（clotted cream）是食用司康饼（scone）时必不可少的伴侣；在德国、中欧和北欧常见的夸克奶酪（quark）也是佐餐和制作奶酪蛋糕的理想原料。比起制作程序复杂，在保存上也需要控温控湿的硬质奶酪，马斯卡彭不但

可以在家轻松 DIY, 而且成品还可以用来创造更多的美味。如此具有魔力, 当属意大利美食的一颗明珠。

　　还有最重要的一点, 不论你以为自己多了解马斯卡彭奶酪, 如果你不小心弄错了发音, 还是会露出门外汉的马脚。"mas-car-poh-neh", 切记最后那个 neh 的鼻音不能错过哦!

马斯卡彭菠菜浓汁意大利面

Mascarpone and Spinach Pasta

准备时间: 5 分钟　制作时间: 15 分钟

在意大利旅游时, 我发现大小食品店和熟食店里都卖煮好的半成品菠菜。
因为菠菜是烹饪意大利面和烘蛋饼最常用的食材。

—————— 原料 ——————

· 15 克黄油;
· 两整瓣大蒜;
· 150 克火腿咸肉, 切碎;
· 350 克菠菜嫩叶, 切碎;

· 100 毫升淡奶油;
· 150 克马斯卡彭奶酪;
· 现磨豆蔻粉若干;
· 盐、胡椒少许。

—————— 做法 ——————

[1]
锅中融化黄油, 放入大蒜, 煸至金黄色后放入咸肉, 几分钟后放入菠菜, 小火翻炒几分钟;

[2]
另一口锅里慢煮奶油和马斯卡彭奶酪, 几分钟即可;

[3]
盘子里放上煮好的意大利面 (最好用 bucatini 意大利面), 拌入奶油汁, 加入菠菜火腿, 再撒上豆蔻粉、盐和胡椒即可。

马斯卡彭苹果蛋糕

Apple Mascarpone Cake

准备时间：30 分钟　烘焙时间：1 小时 30 分钟
（其中 30 分钟为做好后的静置时间）

原料

蛋糕

- 60 克软化黄油；
- 100 克白砂糖；
- 100 克自发粉；
- 60 克普通面粉；
- 1 个鸡蛋；
- 100 毫升牛奶；
- 200 克马斯卡彭奶酪；
- 1 个柠檬的柠檬皮擦丝；
- 23 厘米半直径蛋糕模子。

马斯卡彭奶酪馅心

- 200 克马斯卡彭奶酪；
- 50 克蜂蜜；
- 1 个蛋黄；
- 1 个柠檬的柠檬皮擦丝。

苹果片装饰

- 1 个青苹果，横切薄片；挤上少许柠檬汁防止氧化变色；
- 融化黄油若干；
- 颗粒较粗的砂糖两勺。

做法

[1]

烤箱预热 175 ℃，用电动搅拌器将黄油、白砂糖和柠檬丝搅拌均匀，直至颜色变成奶油色。依次加入鸡蛋、面粉、牛奶和马斯卡彭奶酪，略搅拌，直到所有原料搅拌均匀，将蛋糕液倒入蛋糕模子里备用；

[2]

将制作马斯卡彭奶酪馅心的所有原材料搅拌在一起（不要搅拌过度，否则会导致奶酪中油水分离），放在蛋糕液上；

[3]

将苹果片均匀点缀在蛋糕表面，抹上融化的黄油。将蛋糕放入烤箱，烤制 1 小时左右取出；

[4]

冷却 30 分钟后将蛋糕脱模取出即可。

腌鳀鱼：
小咸鱼撑大舞台

腌鳀鱼香草黄油 / 腌鳀鱼烤时蔬

Anchovy Herb Butter / Roasted Mixed Vegetables with Anchoy and Parsley

在我的菜谱里，有那么几道菜，食客不问，我从来不会主动说里面放了什么。这其中就有几道因为放了"腌鳀鱼"（anchovy）而出奇美味的菜。

鳀鱼大都只有 8 到 10 厘米长，周身泛着银色光晕。因为鱼鳞纤软而且颜色柔和，就连热爱美食的大仲马也犯了主观判断的错误。在他的美食笔记《从苦艾酒到柠檬丝》（*From Absinthe to Zest: An Alphabet for Food Lovers*）中，误认为鳀鱼是无鳞的。

这么细小的鱼，在打捞上来后，身上特有的鲜味会立刻消失。所以，通常是就地用海盐腌上，浸在橄榄油里。平常商店里可见的腌鳀鱼罐头有两种：一条条横向码放在扁铁听里；或是条条紧挨在一起竖立着，被装在盛满橄榄油的枣核形的小玻璃罐里。

因为腌鳀鱼太咸太腥，所以据说 80% 的美国人和大多数欧洲人都无法接受它的味道。倒是一位日本科学家，在 1908 年破解了鳀鱼的秘密。他发现鳀鱼身上竟然有开启味觉"第五感"的特殊成分（这之前，西方研究者公认的四种味觉是"酸，咸，甜，苦"），这就是谷氨酸——味精的主要成分，即"鲜"味的由来。难怪放了腌鳀鱼的菜都会鲜美非常。

我是那些极少数的"腌鳀鱼狂热爱好者"之一。在餐厅里点菜，常常是"腌鳀鱼"这个关键词，让我瞬间忽略主题，甭管是煎牛排还是炖各种淡水鱼，只要是用"腌鳀鱼"来调味的，就必须要尝尝。你所能想到的美味，加上那么几条腌鳀鱼就会立刻华丽变身。我也喜欢从罐子里直接拿出整条腌鳀鱼，放在烤得香脆的涂满黄油的酸

《静物与鳀鱼》（1972）
安托尼奥·希库瑞沙（Antonio Sicurezza）
（1905-1979）
（弗洛米亚市政厅，弗洛米亚，意大利）

面包片上，只在上面点缀几粒咸酸的水瓜柳（capers）来吃；我可以用叉子背把它轻轻压碎，点缀在凯撒沙拉上吃。当然，更精进的做法是把上好的腌鳀鱼和黄油及各种新鲜香草拌在一起，用来给各种烤肉调味。这就是烤肉类大菜最意想不到的搭档——腌鳀鱼香草黄油。用这种黄油做的烤羊腿，在"滋滋"冒着香气上桌的时候，真让人想不顾礼节，直接上手撕下一块，大啖一番。

其实，除了这些令人食指大动的西式菜肴之外，很多东南亚美食也大量用到腌鳀鱼来调味。正宗的越南牛肉米粉汤（pho），就是要在上桌前猛浇上一大勺腌鳀鱼露。还有最近流行的泰国菜，最受

欢迎的泰式炒粉（pad thai），也少不了甜咸口味鱼酱（nam pla）提鲜，这也是用腌鳀鱼做酱的一种。最让人意想不到的是"番茄沙司"的英文名——ketchup，其实来自于闽南语。而最早的 ketchup 就是用发酵法来腌鱼做的酱，是纯咸口味的。

看来这小小的咸鱼还真是 hold 住了中西餐桌的各种场面。不经意间提鲜，加味。而且，真要有食客在美餐一顿之后，问及材料和做法，我还能像个真正的美食家一样，耸耸肩，说一句"哦，我只是多放了几条腌鳀鱼而已。"

美食小百科

发酵法腌鱼

谁家没有几本菜谱，但问问自己，你真正从头到尾按照菜谱试做过几道菜？

可是有一本书却有着神奇的魔力，有空我就会拿来翻阅，并一连几天照着书中的菜谱一一试做，这就是卡茨（Sandor Ellix Katz）所著的《发酵的艺术》。这本书中介绍的"时间"和"耐力"这两样佐料，在一切快速运转的今天，显得那么珍贵，因为发酵的结果要经过充满煎熬的等待才会揭晓。这么高投入，产出又不一定成功的烹饪过程，特别吸引我。

在发酵过程中，需要碳水化合物协助生成生物防腐剂（酸和酒精）。而在油脂或蛋白质含量较高的食物中，碳水化合物的比例很小。所以，在亚洲一些国家，在发酵鱼和肉类时，经常掺入煮熟的谷物一起发酵。魏晋南北朝时，这种发酵方法称为"菹（zū）"，一般分为菜菹和肉菹两类。《齐民要术》中的"菹绿"中介绍："用猪、鸡、鸭肉，方寸准，熬之。与盐豉汁煮之。葱、姜、桔、胡芹、小蒜，细切与之。下醋。"

这个方子表明做肉菹，盐、豉、醋这三样是必须的。日餐中的"熟れ鮨"（narezushi），即把生鱼、米饭和醋拌在一起吃的"熟寿司"，就是发酵吃法的一种，也是日餐生鱼片（刺身）的前身。经济困难时期的芬兰人，会把鱼鳔、鱼鳍、鱼卵、鱼肝，鱼皮和鱼尾放在一起用乳酸发酵，当做家常饭食的一部分。

腌鳀鱼香草黄油

Anchovy Herb Butter

准备时间：5分钟　制作时间：15分钟

用腌鳀鱼和新鲜香草调味的黄油，特别适合用来给牛排、羊腿，鱼和烤鸡调
味。当然，在烤土豆或其他蔬菜时放上些，也特别鲜美。

—— 原料 ——

· 10 条腌鳀鱼，沥干油；
· 1 大勺切碎的意大利香菜；
· 1 大勺切碎的牛至（oregano）；

· 3 瓣大蒜，切碎；
· 胡椒粒少许；
· 黄油（250 克），室温软化。

—— 做法 ——

[1]

将腌鳀鱼、意大利香菜、牛至和大
蒜用搅拌器打碎，拌入黄油，加胡
椒调味，搅拌均匀；

[2]

用烘焙纸将黄油卷成直径 4 厘米左
右的圆柱状，压实；

[3]

用保鲜膜包严，放在冰箱里保存；

[4]

用的时候随时切下几片即可。

腌鳀鱼烤时蔬

Roasted Mixed Vegetables with Anchoy and Parsley

准备时间：15 分钟 烘焙时间：25 分钟

—— 原料 ——

· 半个菜花，掰成小块；
· 小半个南瓜，切成和菜花大小
  的块；
· 一把香菜，切成寸段；
· 10 条腌鳀鱼，整条不必弄碎；

· 胡椒少许；
· 柠檬汁少许；
· 两瓣大蒜，切碎。

—— 做法 ——

[1]
烤箱 190 ℃提前 10 分钟预热；

[2]
用开水略焯一下菜花和南瓜，两分
钟左右捞出，沥水；

[3]
把焯好的菜花和南瓜码在烤盘上，
淋上腌鳀鱼罐头里的油；

[4]
把香菜段和蒜末铺在蔬菜上；

[5]
把腌鳀鱼一条条码上，撒上胡椒；

[6]
烤箱 190℃烤 20~25 分钟；

[7]
出烤箱后略搅拌，淋以柠檬汁调味
即可。

火腿的
生吃与熟吃

伊比利亚火腿配无花果 / 火腿夹馅肉卷

Iberian Pata Negra Ham with Fig / Stuffed Ham Rolls

　　我与世界最美味的火腿结缘，得益于十多年前在西班牙格兰纳达旅游时的经历。有天我在老城一家二手唱片店挑碟忘了时间，过了正午才觉得饥肠辘辘，于是赶紧向老板询问附近好吃的馆子。长得特别像我心仪的西班牙歌手阿里汉德罗·桑斯（Alejandro Sanz）的唱片店老板随手从收款机上扯下张小票，在背面给我画了张地图。他说的是难懂的西班牙语，还混杂着口音特别重的英语，见我不明白，他便张开手臂激动地比划，我只断断续续听明白几个词："jamón（火腿）"，"pan（面包）"，"como el chocolate（像巧克力一样）"。

　　我拿着这张手绘地图欣然前往。推开酒馆厚重的大门，就看见从房梁上悬挂下来的几十条火腿。坐定点菜，不一会儿，我要的火腿来了，颜色深红，肉片上依稀可见大理石状的白色花纹，每片肉边上都有一条不到半厘米宽的米色油脂，看起来像是镶有花纹的玛瑙薄片。拿起一片放进嘴里，我顿时明白为什么老板要说"像巧克力一样"了。火腿入口后，边上的油脂即刻就化开了，随后是甘甜和微咸的味道交替呈现。火腿的味道当然不会像巧克力，但是那填满口腔的浓郁的坚果香味，还有几乎不需咀嚼就可咽下的柔滑

的口感，再加上吃过一片后就想一片接一片吃下去，上瘾般的快感却真的像吃巧克力一样。我完全被这意想不到的美味迷住了，一盘接一盘，连点三盘。结帐的时候我记住了火腿的名字：*jamón iberico*——伊比利亚火腿。

尽管我尝过各种口味的火腿，自此，却总是对伊比利亚火腿念念难忘。所以随后的几年，只要有假期我就往西班牙跑，可能是潜意识里对伊比利亚火腿一往情深。这么一次次探访和慢慢品尝之后，我对伊比利亚火腿的独特性也有了更深的了解。

首先，只有西班牙出产的最顶级的火腿才能被称作"伊比利亚火腿（*jamón iberico*）"。火腿选用伊比利亚猪肉制成，伊比利亚猪生活在西班牙的西部和南部，四腿颀长还长着长鼻子（这样的长鼻子吃橡子时方便，而且伊比利亚猪会边吃橡子果肉边吐皮呢）。因为猪脚黝黑，还被称作"pata negra"（黑脚猪）。伊比利亚火腿也分等级，最顶级的是"*jamón iberico de bellota*（bellota 是西班牙语"橡子"的意思）"。用来制作这种顶级火腿的伊比利亚猪在长

《肖像》（1935）
热内·玛格丽特（René Magritte）
（1898-1967）
（美国纽约现代艺术博物馆，纽约）

盘中的火腿片上张着一双眼睛，看似美味的火腿因为这双瞪向观赏者的眼睛而让人不敢入口了。这个超现实的画面让人联想到萨尔瓦多·达利在 1929 年拍摄的超现实电影《一只安达卢西亚狗》。片中狗眼被刀划过的镜头让观者特别不舒服。再仔细看这幅画，就会发现这幅以食物为主题的画里，所有看似寻常的细节都有些"不一样"：刀叉摆放的位置不对，而且那把刀子显然不是用来切火腿的。葡萄酒瓶没有对应的酒杯，而是放了个喝水的空杯子。

到十八个月的时候，会被带到放养地（dehesa）里生活 4 个月。这时正好是 10 月份左右，大量橡子开始落下，伊比利亚猪的美味食粮取之不尽。

英国卫报（The Guardian）就曾用图片新闻的形式报道过这种"天堂般的放养"方式。图片中，伊比利亚猪们或是在古镇的鹅卵石小道上信步溜达，或是在农舍屋檐下的阴凉里打盹儿，所到之处都会得到乡亲们的礼遇。它们可能并不知道，从山区来到放养地的这 4 个月是它们一生中"最后的奢华"，所以就只管享受作为伊比利亚猪的特权：在放养地通行无阻，自由活动，并可劲儿地吃橡子。为保证每头猪每天吃足 6~7 公斤的橡子，养猪人必须保证每公顷土地上不能超过两头猪。橡子里饱含的油酸近似于橄榄里所含的油酸（所以当地人又管伊比利亚猪叫"带腿的橄榄"），在品尝伊比利亚火腿时，入口一瞬间的甜味就是源于猪体内的大量橡子。

如果让我选择生食的火腿，我肯定首选 jamón iberico de bellota Joselito。因为在伊比利亚火腿的光环下，其他火腿都显得有点平庸。而且一旦尝过让人欲仙欲醉的伊比利亚火腿，其他品种火腿的口感真的过于粗砺。可是，能每天花费近 40 欧元买上 100 克顶级伊比利亚火腿享用的人毕竟是少数，作为日常享用，也可以考虑其他火腿品种。

世界各地都有自己引以为豪的火腿品种：法国巴斯克山区巴约纳出产的巴约纳火腿（Bayonne ham）；意大利帕尔玛出产的帕尔玛火腿（prosciutto of Parma），帕尔玛火腿品种中最有名的就是用十四个月龄的猪制成的 Culatello of Zibello 火腿；比利时的阿尔顿火腿（Ardennes ham）；还有葡萄牙的风干火腿（presunto）；当然还有我国自产的金华和宣威火腿。这些火腿大都既可生食，也可入菜。中餐里的名菜，如："火腿夹冬瓜"、"茨菰煮火腿"、"老鸭煲"，"蜜汁火方"和"云腿月饼"，因为加入了火腿，菜肴就更加美味了。再说西餐里火腿的不同做法：既有用整片火腿裹炸填馅鸡胸或猪牛里脊的火腿肉卷；也有用切碎的火腿和蘑菇奶酪入馅做的意大利饺子 ravioli；还有法国人最引以为豪的以火腿为主要原料做成的酱汁（coulis de jambon）；16 世纪出版的经典食谱 Opera 一书中，大厨巴托罗密欧·司卡皮（Bartolomeo Scappi）为教皇庇护五世独创的火腿芦笋汤，也成了流传至今的一道西餐名菜。

火腿是大自然赐予的美味。因为制作时需要的盐腌和风干的过程，都要在自然条件下完成，才能最终制成腌肉。腌肉必须要在寒冷的冬天（低于 4℃）制作才能确保肉质里的蛋白质得到保存而且肉不会坏。比较典型的做法就是混合粗盐（所腌肉重量的 6%）和少量糖，把盐揉搓进肉里（宣威火腿里还要加上炒熟碾碎的花椒），再把裹上盐的肉包好，放在窖里或是其他阴凉的地方。过几天，肉脱去原重 15% 后，就完成了初步的盐腌。这之后用净水冲洗肉的表面，并涂上一层猪油，猪油外撒一些香辛料，然后再用细纱布包好，用绳子捆好，悬挂于凉爽干燥处，自然风干 6 个月或更长时间（各国火腿制法不同，风干时间也从 6 个月到 24 个月不等。顶级的伊比利亚火腿甚至要风干 3 年以上）。当肉失去原重的三分之一时，火腿就做好了。

保存肉类的方法自古就有，且中外通行。贮藏肉类的初衷之一是为寒冬时节的食材匮乏救急。中世纪时，猪肉是西方主要食用肉

类，因为农民在冬天只能用干饲料喂养动物，所以那些抵抗力差的牲口必须在冬天来临之前被屠宰，随后顺势把肉腌制、风干或熏制过冬；其次是战时行军或旅行所需。《盐》一书中提到"我们应该感谢军队，因为大量的食物贮藏技术都是军人发明的。"这也是宋代金华火腿出现的缘由。据《中国饮食史》一书记载，当时出生在婺州（今浙江金华）的抗金英雄宗泽每次从前线回家，都会买一些鲜猪腿请乡亲们帮忙腌制，以便带走行军。宗泽因此给火腿起名"家乡肉"，并呈给高宗皇帝，宋高宗见猪腿色泽鲜红，遂赐名"火腿"。

现今制作腌肉和火腿更多是对美食极致享受的追求。火腿最后的味道和口感取决于很多方面：原产国的气候，猪的种类，养殖和喂养方式，以及饲料和腌制的方法。所以喜食火腿的食客们更应该各取所需，遍尝各色火腿后得到自己的体验。《腌渍》（英文书名：cured）一书中对火腿门外汉的建议是：温暖干燥的地方出产的风干火腿可以生吃，而在潮湿寒冷气候生产的咸肉则要做熟吃。再加上最关键的一条：伊比利亚火腿必须要生食享受。若做熟再吃，真是枉费了伊比利亚猪在布满橡子的山间那最快活的四个月狂欢。

《火腿》（1889）
保罗·高更（Paul Gauguin）
（1848-1903）
（菲利普斯陈列馆，华盛顿，美国）

流传在法国比利牛斯山区附近关于火腿来历的传说让人忍俊不禁——一头猪掉入了一个盐水湖，当人们齐力把猪打捞上来时，发现它的肉还是可以吃的，而且味道真不错。画中火腿和无花果搭配在一起的吃法，其实在 4 世纪时的古罗马烹饪书 *Apicius* 里就有收录了。

《饭前祈祷》（1660）
扬·斯丁（Jan Steen）
（1626-1679）
（萨德利城堡董事会收藏，格洛斯特郡，英国）

画面中，一家之主的父亲正在带领家人做饭前祈祷。一家三口衣着简朴，神情虔诚。他们在感谢主恩赐的一日三餐：面包、奶酪和火腿。《圣经》诗篇第127首写道："你的人生将如你屋旁的葡萄蔓般硕果累累"。画中，窗外的恬静风景和葡萄藤蔓正是对虔诚信徒的应允。

美食小百科

大理石、咸肉和文艺复兴

意大利托斯卡纳克拉拉地区（Carrara）盛产大理石。其中又以一个叫克罗纳塔（Colonnata）小镇出产的大理石最为有名。和大理石一样洁白泛光的是这里的另一个特产——腌制过的猪肉脂肪（lardo）。

可以说没有大理石就没有文艺复兴，因为无数文艺复兴时期的艺术作品都是从雕塑和临摹雕塑开始的。所以盛产优质大理石的克罗纳塔小镇应该是当之无愧的文艺复兴的摇篮。这里出产的大理石在艺术家的巧思雕刻下，成为了闪耀着人性美好光芒的传世之作。但鲜为人知的是，这些大理石还在滋养着另一种艺术——腌猪肉脂肪的贮存工艺。

这里出产的猪脊背肥油，在经过蒜揉、盐腌之后，被码放进一个个泛着华美冷光的大理石柜子里，每个柜子里可以装入近300公斤的咸肉和150公斤的盐。大理石天然的良好透气性，使之成为贮存咸肉最理想的媒质。

一片切得像刨花般薄的腌制后的猪脊背肥油，放在现烤得的冒着热气的面包上，再淋上几滴橄榄油，这就是托斯卡纳地区极富盛名的美味小食之一了。

伊比利亚火腿配无花果

Iberian Pata Negra Ham with Fig

准备时间：5 分钟

文章中提到的顶级伊比利亚火腿，只有生食才能表达对美味最高的敬意。生食火腿时不妨配些水果，现在流行的火腿配蜜瓜的吃法其实是公元 2 世纪时古希腊名医伽林（Claudius Galen）倡导的，他认为火腿是热且干的食物，在食用时应该搭配凉且湿的食物，如蜜瓜、梨或其他水果。

—— **原料** ——

·伊比利亚火腿数片；
·无花果数个（几个人食用就放几个无花果）。

—— **做法** ——

[1]

如果买来的伊比利亚火腿是预先切成片的真空包装，就一定在食用前一个小时从冰箱取出，让火腿回到室温时口感最好。码盘时用的盘子最好是微热的，这样可以保证火腿上的油脂达到最佳口感；

[2]

无花果对切，码在火腿四周；
开动~！

火腿夹馅肉卷

Stuffed Ham Rolls

准备时间：15 分钟 制作时间：20 分钟

—— 原料 ——

· 猪里脊 4 块（每块的大小略比 iphone5 手机大一圈，厚度 2 厘米左右）；
· 意大利帕尔玛火腿薄片 10 片；
· 鼠尾草数片；
· 帕玛臣干奶酪粉 4 大勺；
· 青苹果薄片 10 片；

· 6 瓣大蒜切片。其中一半用 4 勺橄榄油浸上，盖上盖子备用；
· 面粉 4 勺，放少许盐、白砂糖、胡椒、甜椒粉混合后备用；
· 高汤 200 毫升；
· 干邑酒 50 毫升；
· 盐、胡椒、橄榄油备用。

—— 做法 ——

[1]
将猪里脊纵切剖开，不要切断。切开后在两面上各撒少许盐和胡椒，放上半勺帕玛臣奶酪粉；

[2]
在火腿片上撒半勺帕玛臣干奶酪粉，把切开的里脊放在帕尔玛火腿薄片上，再放上 1 片青苹果片，1~2 片鼠尾草和 1~2 片切好的蒜片；

[3]
将码好料的里脊沿纵向卷成肉卷（火腿在最外层），在接口处用牙签固定；

[4]
将卷好的肉卷一一拍上面粉；

[5]
煎锅放底油，将接口的一面朝下，开始煎。3~5 分钟后，当肉卷各面呈金黄色时，放入高汤和干邑，并把余下的蒜片放入同煮，加少许白砂糖、盐、胡椒调味；

[6]
中小火慢煮 7~10 分钟后，开盖。将肉卷取出，把固定用的牙签取下后摆盘；

[7]
如果喜欢，可以将煎锅里的汤汁按自己喜好的口味大火收汁，作为肉卷的浇汁用。

浓情
巧克力

巧克力黑森林蛋糕 / 巧克力挞
Black Forest Cake / Chocolate Tart

　　小时候我最爱吃散装义利牌巧克力，每小块都方方正正，比当时 8 分钱面值的全国邮票大不了多少。虽然浅棕色的表面上带着塑料质感的光，但只需含在嘴里一小会儿，巧克力坚硬的外层便开始融化，醇香的牛奶巧克力浓浆随即从齿颊间四散开来。那时候吃巧克力是含着品尝的，为的就是让甜蜜的幸福多延续些时候。

　　那之后没过几年，品种繁多的各款巧克力便开始出现在商店的糖果柜台里。用闪光糖纸包着的酒心巧克力，锡纸包裹的大厚板榛子巧克力和杏仁巧克力，还有特别受欢迎的义利巧克力威化饼干。除了买现成的巧克力当糖果吃，越来越多用巧克力做的糕点也开始被端上约会聚会的茶点桌。巧克力这个舶来美食，让不怎么嗜甜的国人愈发欲罢不能了。

　　巧克力（xocolatl）这个名字来源于阿兹台克人的那瓦特语，原意是"苦水"。这是因为制作巧克力的原料——可可树籽有股特别冲的苦味，必须经过发酵——清洗——烘烤——沉淀这一系列特定工序，才能去除苦味。为了让"苦水"巧克力更加合口，还需在熬煮时加入大量香辛料。如此费劲准备"苦水"，就是因为当时阿兹台克王朝的皇帝孟特儒（Montezuma）坚信巧克力带来的神奇功效，尤其是力量和生育能力，所以传说他每天一定要喝上50杯巧克力才会心神安逸。

在新世界发现的巧克力，于16世纪传入西班牙。西班牙人保密未遂，巧克力的配方终于在被垄断百年之后传到欧洲各国。有趣的是，除了巧克力特有的诱人味道大受拥趸外，它的药用功效更是在欧洲广为流传。

16~20世纪的欧洲药典上，就有超过100种的巧克力疗效记载。比如巴黎圣父大街（Rue des Saint Peres）上的"德宝和加莱"糖果店（Debauve et Gallais）就曾专为国王供应巧克力，也因此被称作"国王御用巧克力店"。店主德佩里先生除了服侍国王，还为上门顾客提供各种有药效的特调巧克力，比如放了板蓝根粉的康复型巧克力，加了菊花治疗神经质的巧克力，还有专给易怒人做的杏奶巧克力。对于精神受挫的人，没有什么比琥珀巧克力更理想的了。美食哲学家萨瓦兰（Jean Anthelme Brillat-Savarin）对这家巴黎最古老的巧克力作坊曾有过详细的记录。

巧克力的神奇作用被载入各国史册的同时，小说和电影里也竞相描绘这个"诸神的食物"。还记得电影《浓情巧克力》吗？一个保守沉闷的南法小镇，因为一个外来人和她的巧克力作坊而变得欢乐明朗起来。巧克力带来的感官上的享受在墨西哥女作家劳拉·埃斯基韦尔（Laura Esquivel）的《恰似水之于巧克力》中也有神奇的描述。本来"似水之于巧克力"（como agua para chocolate）在西班牙语里就是激发情欲的隐喻。一道道以巧克力为主料的色彩鲜艳诱人的食物，映衬出女主人公蒂塔爱欲癫痴的心绪起伏，巧克力升华成了爱恨情欲表达的寄托。还有《查理的巧克力工厂》里，长镜头拉出的一条条浓稠的巧克力河流和五颜六色的巧克力糖果，冒着香甜气息，近距离诱惑着孩子们（当然还有童心未泯的成年人），让人恨不得钻进银幕里大吃一顿。

英国广播公司（BBC）的一个报告中曾说，吃一块巧克力引发的心跳加速和脑部运动比热情的亲吻更剧烈。情人节时情侣互赠的巧克力，乔迁新居时带给邻居的自制巧克力甜点，孩子们翘首盼着的饭后"犒赏"巧克力冰淇凌，这些都是巧克力带来的快乐。

尝过的巧克力甜点里，最让我难忘的是在墨西哥乡村广场上，伴着节日鼓点喝下的冒着热气，带着辣味的浓稠热巧克力饮料；在看完席勒（Egon Schiele）作品后，挪步到维也纳老店戴莫尔（Demel），一口气吃下的巧克力果仁薄脆（fragilitié）；还有刚结束的滑雪假期，在滑完雪后，面对勃朗峰，就着热咖啡吞下的镶满黑巧克力酱（ganache）的巧克力蘑菇；当然更不能少了在特伦西瓦尼亚（Transylvania）山区第一次尝到的由粗壮农妇的温柔双手捧出的巧克力罂粟籽蛋糕；还有大雪纷飞的返程路上，在德国小镇的甜点铺子里尝到的黑森林蛋糕……这些诱人的甜点，都有着一个共同的代码——"巧克力"。层层香浓甜蜜里好像有一个个隐身的神奇精灵，是它们给世界各个角落需要慰籍的味蕾和心灵带去了醇香和沉醉。

《巧克力女郎》（1744–1745）
扬·艾蒂娜·利奥塔（Jean-Étienne Liotard）
（1702–1789）
（德累斯顿美术馆，历代大师画廊，德累斯顿，德国）

　　而今，各色各样的进口巧克力随手可得。可童年的巧克力记忆仍让我不时想起小说《一九八四》里的一段描述：裘丽亚递给温斯顿一块巧克力，使他"没有吃就从香味中知道这是一种不常见的巧克力，颜色很深，晶晶发亮用银纸包着。这种香味勾起了他的回忆"。

　　波德莱尔说，触觉是有记忆的。对我来说，味觉也是有记忆的。巧克力的味道就与我的记忆紧紧相连，记忆的一头是童年故乡，另一头是在异国的各种奇妙因缘。

　　下面的食谱就介绍我最喜爱也最常做的两款甜点：巧克力黑森林蛋糕和巧克力挞。没有什么比亲手做巧克力甜点更让人陶醉的了，当一块块黑巧克力融化成光滑如缎子般的溶液时，趁着温热用手指蘸上厚厚一层放进嘴里，"哦，这简直是太棒了！"—— 我保准你会这样不由自主地赞叹！

美食小百科

那些禁忌食物

　　美味的巧克力，因为有激发情欲的功效，曾一度被视为禁忌食物，这不禁让我想到一个"禁忌食物清单"。历史上，因为各种原因，不知有多少珍馐美味被认为是"万恶之首"：伊甸园里引诱亚当和夏娃犯了原罪的苹果；哥伦布从新大陆带回的皮薄多汁的西红柿，因为咬开后渗出的鲜红的汁液和清新的味道，被神职人员认定食用西红柿"会点燃强烈的激情"，因此西红柿曾被称作"爱欲苹果"（poma amoris）；人见人爱的土豆，一直被认为是有毒的，直到 18 世纪时才开始慢慢被人们接受；1661 年，路易十四的妃子玛丽·特丽莎把可可豆传入法国王室，这享有"催情剂"盛名的食物也是身陷牢笼的萨德侯爵的最爱，他迫切地需要"像魔鬼屁股一样黑的巧克力"。

63

巧克力黑森林蛋糕

Black Forest Cake

准备时间：30 分钟　烘焙时间：40 分钟　装饰蛋糕时间：30 分钟

蛋糕用料

- 150 克黑巧克力（尽量用 70% 以上的黑巧克力，我用的是 90% 的纯黑巧克力）；
- 150 克软化黄油；
- 150 克白砂糖；
- 150 克自发粉（过筛）；
- 6 个鸡蛋（蛋清与蛋黄分离）。

樱桃填馅

- 300 克白砂糖；
- 400 克去核鲜樱桃；
- 3 小勺玉米淀粉；
- 50 毫升樱桃甜酒（kirsch）；
- 300 毫升鲜奶油（打发做装饰）。

巧克力装饰

- 150 克黑巧克力；
- 150 毫升鲜奶油。

—— 做法 ——

樱桃填馅

[1]

在 500 毫升水里加入砂糖，煮开至糖化开，加入去核樱桃后再煮开。小火慢煮 5 分钟。晾凉；

[2]

烤箱预热 175℃。隔水化开巧克力。在电动搅拌器里放入黄油和 150 克白砂糖，打至颜色变浅，变稠。一个个加入蛋黄，加入化开的巧克力，再加入面粉。打发蛋白，加入巧克力面粉糊里。将蛋糕糊倒入模子里（圆形 23 厘米蛋糕模），烤 40 分钟左右；

[3]

把 [1] 中做好的樱桃浆倒出（留出 150 毫升左右），把樱桃倒入一只碗里。用 20 毫升樱桃汁化开玉米淀粉。把剩下的樱桃汁、樱桃和樱桃汁化开的玉米淀粉放入锅中煮开，晾凉后加入樱桃甜酒调味备用。

巧克力装饰

隔水化开加入鲜奶油的巧克力，备用。

樱桃奶油

加少许砂糖打发奶油，加入樱桃酒，放入冰箱备用。

组合

将烤好的巧克力蛋糕横切为二，在底下一片蛋糕上洒上些樱桃甜酒，抹上樱桃奶油，放上樱桃填馅，把上面一片蛋糕盖上，再洒上少许樱桃甜酒。在蛋糕外层均匀涂上巧克力装饰。

巧克力挞

Chocolate Tart

准备时间：40 分钟 烘焙时间：60分钟

原料

挞皮

- 150 克软化黄油 （切成色子块）；
- 250 克普通面粉；
- 一小撮盐；
- 30 克杏仁粉；
- 1 个蛋黄。

巧克力馅

- 400 克黑巧克力，切碎；
- 260 毫升鲜奶油；
- 130 毫升牛奶；
- 2 个鸡蛋，略搅；
- 荷兰可可粉（最后撒在挞上作为装饰用）。

做法

挞皮

[1]

将切成小块的黄油与面粉撮成饼干屑状，加入盐，放入过筛后的杏仁粉；

[2]

加入鸡蛋后，揉成一个面团；

[3]

将面团按成一个圆饼状（4 厘米厚），包好保鲜膜，放入冰箱上劲 30 分钟；

[4]

30 分钟后取出，擀成 3 毫米厚的圆片，盖在挞盘上，在挞皮上用叉子轻戳几个眼；

[5]

烤箱预热 180 ℃，在挞皮上放一张烤纸，烤纸上压些重物，入烤箱烤 12 分钟；

[6]

12 分钟后取走压物，再将挞皮烤 8 分钟，直至挞皮变金黄色取出。

巧克力馅

[1]

加热奶油和牛奶，略开后立刻关火，倒入切碎的巧克力中，搅拌成光滑的巧克力牛奶液；

[2]

巧克力牛奶液略凉后，放入搅过的鸡蛋；将巧克力馅倒入烤好的挞皮内；

[3]

烤箱调低至 135 ℃，烤 35 分钟左右即可。

带有仪式感的
美食烹制

"扣"出来的
中西美味

美式菠萝翻转蛋糕

American Pineapple Upside Down Cake

　　两百多年前，在巴黎以南一个叫 Lamotte-Beuvron 的小镇上，有家名为"Hotel Tartin"的旅馆，由斯蒂芬尼和卡洛林姐妹俩经营。姐姐斯蒂芬尼负责旅馆餐厅里的红案白案。一天，在做传统法式苹果派时，因劳累过度，斯蒂芬尼在用黄油煎苹果的时候，火候过了，一时间满屋糊味，烟雾缭绕。她急中生智，把提前准备好的派皮盖在了糊锅上，旋即火速将锅放进了烤箱。派烤好了，她灵机一动将烤盘倒扣在要端上桌的银盘上。别小看这个举动，有历史考据说，这就是法式翻转苹果派的由来呢！那一夜，所有客人都对这个"奇思妙想派"赞赏有加。自此之后，翻转苹果派成了"Hotel Tartin"的招牌甜点，独门美味。据说，马克西姆的原老板也是这家餐厅的众多拥趸者之一。也有人称，翻转苹果派早在 1815 年就已经被收

录在享有"国王的厨师，厨师中的国王"美誉的神厨——卡莱姆（Marie-Antoine Carême）所著的《皇家甜点》一书中了。其实，翻转苹果派究竟起源于何处何时并不重要，萨瓦兰不是说过么，"发现一道新菜的乐子，远远大于发现一颗新星"。

　　传统西式翻转技法大多用来制作甜点，比如美式菠萝翻转蛋糕，法式焦糖布丁和巴西的香蕉蛋糕。最近，伴随着混搭风和热衷厨艺的美食爱好者 DIY 盛行，餐桌上出现了越来越多的"翻转"出来的咸鲜口味美食。比如《纽约时报》"好胃口"专栏中介绍的"西红柿翻转派配羊肉（tomato tarte tatin served with lamb）"；还有澳洲版的《厨神当道》（Master Chef Australia）中，参赛者创造出的夺人眼球的蟹肉翻转松糕。

　　西餐中的"翻转"和中餐中的"扣"其实说的是一回事，都是一种怀旧的手法。用这种烹饪技巧制作出来的美食，不但带着旧时光的温存美好，也有游戏般的准备和分享过程。

中国菜的众多烹饪方法中，有很多是可以搭配使用的，尤其是"扣"和"蒸"这两种技法，结合起来可以做出很多名菜。《中国烹调大全》一书中提到一条民间俗语："三蒸九扣七大碗，不是蒸笼不请客"，由此看来中餐宴席餐桌上还真少不了"蒸""扣"组合。而且，但凡用到"扣"这个手法的，大都要先蒸。旺火开蒸，倒扣装盘上桌。为了美观，有时还要在最后淋以推芡。这样的菜讲究的是"扣的型，蒸的味，藏的妙"。因为用笼蒸更省燃料，还能保持食物的原味，所以中餐笼蒸法不仅适用于烹饪肉类和蔬菜，也常用于面食和甜点的制作。

　　八宝饭就是连蒸带扣，色香味俱全的家常美味。著名作家、翻译家苏曼殊先生最嗜甜蜜八宝饭，在他的书信署名里，自称为"糖僧"。给友人的信件中，他经常提及八宝饭——"连日吃八宝饭甚多……"，"除夕梦至上海吃年糕及八宝饭……"。每个孩子的童年记忆里也肯定都有八宝饭：晶莹的糯米，五彩的装饰，层层豆沙埋在软糯的饭里，真是诱人极了。《姑苏食话》一书中提到血糯八宝饭是苏州人家的寻常甜食，里面放满各种应季美味："桂花，蜜枣，衬以白糖，莲心，糯饭紫红，莲心洁白，入口肥润香甜。"各地都有独具地方特色的八宝饭，江南尤胜。最简单的做法就是先把糯米蒸熟，拌少许油、糖、桂花，放置一旁待用；同时，开始在蒸碗内排盘。这个过程更像是戏剧中的舞美设计，手边常见的红枣、莲子、青红丝、金橘脯、桂圆肉、各种蜜饯、瓜子仁……全都可以拿来码在碗底，拼出自己喜爱的图形。然后将蒸好的糯米饭放入，并轻按压实，最后扣在盘子上。大功告成后，就能和家人朋友分享"扣"出来的惊喜了。

　　八宝饭是"扣"出来的甜口儿美食，咸口儿的也有：比如"梅菜扣肉"，"鲍汁扣辽参"，还有广西容县的名菜"柚皮扣"。据说当地盛产沙田柚，就把柚皮拿来和五花猪肉一起合蒸，出锅时扣盘上菜。这道雅称"雪盖五层楼"的地方菜是乾隆皇帝游至桂林时的最爱。广西还有另一道"扣"菜，名曰"香干扣果狸"，是用果子狸肉与腊鸭肝一件夹一件扣好，上锅蒸制而成的。

　　西餐的"翻转"和中餐的"扣"都充满了奇思妙想，做饭和吃饭的人都在这个过程里得到了乐趣，日常厨事就因此成为了一门艺术。与此同时，饮食的折中主义也促成了中西美食的交融共通。所以，即便中西食材不同，一些烹饪技法和想法也能互相借鉴。这种做法是美籍华裔厨师谭荣辉（Ken Hom）最先倡导的，他在1987年所著的《东西方之交融》一书里介绍的菜谱就是中国、美国和法国的食材与烹饪技术的完美融合。

❧ 美食小百科 ❧

关于菠萝翻转蛋糕

最经典的美式菠萝翻转蛋糕做法始于1903年前后，那时商人多乐（Dole）发明了至今仍畅销世界各地的多乐菠萝罐头。他还想出了一个聪明的促销点子，就是在全美国范围内征集用罐头菠萝制作出的甜点的食谱。在收到的六万多份食谱中，就有两千五百份菠萝翻转蛋糕的方子。1903到1923年间，就是这样一个绝妙的菠萝罐头促销点子，成就了菠萝翻转蛋糕流行的黄金时期。

菠萝不易保存，买来后要马上食用。所以，我通常先当水果生吃，剩下的用来做菜或者做蛋糕。于是，特别有怀旧风格的菠萝翻转蛋糕就这么做出来了。

美国印第安人视菠萝为友谊和友好的象征，在这个翻转蛋糕里，菠萝不但传递了友好的信息，还起到了点化浸润的作用。怎样，今天就试试"扣"出来的美味吧，把心意藏在碗底，然后"啪"地一下，将美味出其不意地呈现给你最爱的家人和朋友。

美式菠萝翻转蛋糕

American Pineapple Upside Down Cake

准备时间: 30 分钟 烘焙时间: 40～50 分钟

——— 原料 ———

蛋糕坯子

· 两大把切好的菠萝片 / 块（制作此蛋糕使用的是新鲜菠萝，味道更鲜美）；

· 150 克黄油，室温下软化，切成小块状；

· 2 个鸡蛋；

· 1 杯全麦自发粉，过筛（全麦粉可以增强蛋糕口感）；

· 1/2 杯红糖；

· 2 茶勺香草精（售卖西餐食材的食品店里可以找到，英文叫 vanilla extract）；

· 1/2 杯杏仁粉，过筛（杏仁粉是西餐糕点制作中经常用到的材料，英文叫 almond meal）；

· 1/2 杯普通面粉，过筛；

· 1/2 杯牛奶。

焦糖底子

· 50 克黄油，室温下软化；

· 75 克红糖。

——— 做法 ———

[1]

提前 10 分钟，用 180℃ 档预热烤箱；同时在一个直径 23 厘米的圆形蛋糕模子底部和四周刷上一层黄油（最好能在刷上黄油后，再分别在模子底部和四周铺上烘焙用纸）；

[2]

先制作蛋糕的焦糖底：小火上放一口小锅，在小锅里混合搅拌红糖和黄油，直到完全融合在一起，颜色变浅，然后倒入准备好的蛋糕模子里；

[3]

把切好的菠萝一片片码放在焦糖底上。在电动搅拌机里放入黄油、红糖和香草精华，充分搅拌，直至颜色变浅，质地变光滑绵润。此时可加入鸡蛋，切记，一个一个地加，每加入一个鸡蛋，都要充分搅拌后，再加入下一个；

[4]

加入面粉，略搅拌，然后加入牛奶，迅速搅拌，直至完全融进蛋糕液；

[5]

将蛋糕液均匀倒在码好的菠萝上，用木勺将表面抹匀；

[6]

放进 180℃ 预热的烤箱里，烘烤 40~50 分钟（40 分钟左右时，可用牙签戳进蛋糕，如果拿出来的牙签表面光滑，就说明烤好了）；

[7]

从烤箱里取出，将蛋糕静置在模子里 8 分钟左右。然后倒扣在烤架上，晾凉上盘；

* 趁热吃，喜欢的话，还可以配上一大勺香草冰淇淋！

这就是传说中的
"高汤"

中式清鸡汤 / 法式高汤

Chinese Chicken Stock / French Consommé

高汤是很玄妙的美味，这个我从小就知道。好客的父母经常在家中宴客，他们总会提前一天熬出一锅高汤，晾凉了撇去凝固的浮油，然后再次烧开调味。高汤熬好后盖上锅盖，放在带纱窗的橱柜里待用。宴客的当天，再提前把熬好的高汤用小火慢慢嘘热。高汤的香味丝丝缕缕散开，浓香到极点时，正是客人叩门的时候。

　　这一锅高汤可以用来给家宴上的各种荤菜素菜推芡调味，更可以独挡一面，只落少许盐当鲜汤来喝。我们家有个传统压轴大菜，叫"开水白菜"。这"开水"可不是烧开的白水，而是用海陆空珍贵食材慢慢熬煮出的真正高汤。别看汤清，里面可满是精华，味浓鲜却不见半点油星。这样的清汤里飘着几片鹅黄色煮得半透明的白菜心，吃在嘴里鲜甜可口。

　　客人个个吃得如痴如醉，纷纷请教这"开水"的煮法。其实我国传统烹饪里的高汤细分下来有不少种，做法也不尽相同，比如用鸡鸭猪骨和碎肉连续煮滚，去沫，随用随补水的"毛汤"；选用鸡鸭猪骨，外加猪肘猪肚这些易使汤色泛呈奶白的原料熬出的"奶汤"。更精细的做法则是"先制清汤再吊高汤"，比如淮扬菜里的清鸡汤，要先用母鸡与火腿、猪脚爪一起炖清汤，再用两只鸡的头、骨架、脯肉分别斩茸，逐一下清鸡汤入味并澄清汤汁。此时尝上一口，但觉两唇胶黏，七咂之后尚有余鲜，因此又名"七咂汤"。很多本身无味的珍贵食材，如燕窝、鱼翅、海参都是在用这样的高汤清蒸调味后，才呈现出鲜醇珍味的。这样以普通清汤作底，再用细鸡肉茸或蛋清放入汤中，吸附汤中浑浊的悬浮物而吊出的"精制高汤"，才是高汤中的极品。我家用来做开水白菜的高汤就是这样两"吊"而成的高汤。

把鸡蛋清打碎，用来漂清高汤。可以放两三个蛋清多次漂清高汤。

高汤味美，可熬制起来用料狠又费时。唐代的《岭表录异》所记"不乃羹"，应该是有史料记载的最早的高汤了，用料生猛手法熟稔："以羊、鹿、鸡、猪肉和骨同一釜煮之，令极肥滚，滤去肉，进之姜葱，调以无味，贮以盆器，置于篚中。"《食经》一书里也介绍过，若要用三十斤上汤，则用五只老鸡，十五斤瘦肉，两斤火腿，四只火腿脚，加在一起是三十来斤肉，用慢火熬上六七个小时，才能熬出三十斤高汤。这酒肆里烧高汤的阵势可真是气派。

　　熬制高汤是为了把各种珍味食材蕴含的独有美味榨取出来，然后再用这样的高汤给其他菜品补味。这一榨一补，还真点出了厨房里的哲学味道。传统中餐如此，视高汤为烹饪灵魂的法式大餐也有其独到的高汤烹制沿革。

　　大仲马说过："没有好的高汤就没有好味道的烹饪，法餐的荣耀应归功于绝妙的法式高汤"。在过去的几百年间，法式高汤已经融神秘、传统与爱于一身。在法语里，高汤被称作"基底"（fond）。顾名思义，高汤是成就法餐的基础，没有高汤就没有那些闪耀在餐桌上的法国汤，而那些令人沉吟陶醉的，带出一道道法式大菜的灵魂和独有味道的各式酱汁，也更少不了高汤的功劳。

　　法式高汤又可被称为清汤（potages clairs），这是法餐最基本也是最神秘的原材料。法式清汤又分两种：汤色清可见底的consommé，因为制作工序繁复，需要高超的技艺，所以又被称作"黄金汤"（还记得日剧《美味关系》里，围绕consommé展开的学厨艺和寻找爱情的故事么？）；另一种法式清汤是略浓稠的汤，用来给各种调味汁打底。法式高汤熬好，可以拿来直接做主菜。左拉的小说《小酒店》中，女主人公热尔维丝的乡村酒馆里，总会供应一道蔬菜牛肉浓汤（pot-au-feu）。

高汤的另一个妙用就是给各种美味调味汁打底。法式调味汁配制起来非常复杂，而且许多小气的厨师怕自己的手艺被别人学了去，就将配制方法加密。不过在一本不太畅销的法国烹饪书《帝国厨房》中，我们还是可以找到做法："为了配制给十来人佐餐的调味汁，需要用16磅牛肉熬出的牛肉汤做底子"。可皇家厨师卡莱姆（Marie-Antoine Carême）很不屑这种"布尔乔亚式"的小家子气的做法，因为真正贵族的家宴上，头天晚上或者凌晨三点就要开始配制"鲜浓调味汁"，原料是用一磅火腿和小牛的大腿肉、小腿肉、胸肉，两只母鸡，一只野鸡和两只小兔熬出来的。卡莱姆先生肯定在一个耸肩后留下这么一句话："怎么能用牛肉吊汤呢，它简直太普通了"。

有句古老的法国谚语说的好："厨师的好高汤就像歌唱家的好嗓子"。高汤虽然很玄妙，但在家熬制高汤可以抓住几个关键步骤，假以耐心，就可以用最棒的食材熬出一锅"妙"汤，这绝对是美食之外收获的另一种享受。

 美食小百科 ❧

高汤的秘密

时任《纽约时报》美食编辑的雷蒙·索科洛夫（Raymond Sokolov）是第一位全面揭开"高汤"和"名厨酱汁"之迷的现代作家。在他的《调味汁师傅的学徒》一书中，由高汤做出的美味酱汁并不神秘，只要掌握以下三个方面就会万无一失：

1. 只要知道三种基本口味的酱汁的做法，就可以根据喜好做出更多种类的风味酱汁——因为"酱汁体系就像是一棵族谱之树，几百年间不断枝繁叶茂，直到19世纪时成熟，并在一战后由名厨埃斯柯菲耶（Georges Auguste Escoffier）进一步标准化"。

2. 要知道如何把做好的高汤按"一顿饭"的量来冷冻保存，以备不时之需。

3. 家庭厨师也可以准备出毫无瑕疵的酱汁，只要他"有耐心，有一口大锅和一个很细的筛子"。

《绝妙的酱汁》（1890）
耶罕·乔治·韦伯（Jehan Georges Vibert）
（1840-1902）
（奥尔布赖特－诺克斯美术馆，纽约州布法罗市，美国）

画面中一位是大厨，另一位是牧师。两个人表情专注又陶醉——全都是因为做得的酱汁美味之极。如果仔细看，你会发现酱汁的美味保证是使用货真价实的上好原材料：远处桌子上新鲜肥美的野鸭、牛排，还有麻袋里滚出的各种蔬菜就是佐证。

中式清鸡汤

Chinese Chicken stock

准备时间：20 分钟 制作时间：2.5 小时

—— 原料 ——

· 一只整鸡；
· 4~5 块猪汤骨；
· 料酒 4 汤勺；

· 姜片 4~5 片；
· 净瘦的 150 克火腿。

—— 做法 ——

[1]

汤锅里放一只整鸡和 4~5 块猪骨，加冷水没过鸡和猪骨，中火烧开，撇沫；

[2]

改小火，但汤仍应保持滚开。此时加入料酒 4 汤勺，姜片 4~5 片，再熬 2 小时；

[3]

熬鸡汤的同时，将净瘦的 150 克火腿切成碎末，放在一个大号饭碗里，淋几滴料酒，在饭碗里加满水放在蒸锅里蒸两个小时；

[4]

然后将火腿汤兑入熬好的清鸡汤里，就是做法简易可味道不减的家制高汤。

法式高汤

French Consommé

准备时间：30分钟 制作时间：7小时

—— 原料 ——

· 1公斤小牛肉（veal）；
· 1个蛋白；
· 3根胡萝卜；
· 2个防风（parsnip）；
· 3个芜菁（turnip）；

· 一把韭葱（leek）和芹菜；
· 3个大个的洋葱；
· 半头大蒜；
· 烤过的小牛肉骨（烤箱210℃烤30分钟，洋葱和肉骨可以同烤）。

—— 做法 ——

[1]

挑大块的小牛肉（veal），而且绝对不能洗肉！每500克肉加1公升水，根据肉的重量类推。缓慢加热汤锅，这样肉中的蛋白才会慢慢溶解，使汤变稠；

[2]

当血沫漂起的时候，搅碎一个蛋白缓缓放进汤锅，用来漂清汤色；

[3]

捞走浮沫，汤复滚时就开始放入煲汤必备的蔬菜：3根胡萝卜，2个防风（parsnip），3个芜菁（turnip），再加上一把韭葱（leek）和芹菜，还有3个大个的洋葱，半头大蒜；

[4]

要想让汤色更深，可以在这个时候加入烤得金黄的半个洋葱、烤过的小牛肉骨（烤箱210℃烤30分钟，洋葱和肉骨可以同烤）；

[5]

慢火熬上7个小时（想想7个小时不间断的香味！）。高汤里的肉带出汤的滋味，汤里的骨头创造出汤的黏稠度。如果想要特别浓稠的汤，就一定得用小牛骨，因为小牛骨含有大量易溶于水的胶原，可以使高汤浓稠味美。用小牛骨熬的高汤是法餐厨房中的珍宝。

复原 500 年前的食谱

——卢瓦河谷的城堡美食

大黄夹馅的姜饼烤苹果

Roasted Ginger Bread Apple with Rhubarb Stuffing

　　从巴黎开车去卢瓦河谷，一路上可以尽赏美景：车道两边的农田，大片接天的金黄色油菜花田，远处起伏有致的山谷和绿色山峦间，若隐若现的一座座城堡的围墙、角塔和堞口，细节之美真让人想立刻停车去看个究竟。生机盎然的卢瓦河谷是法国瓦卢瓦王朝（Valois）钟情的栖居之所。

　　卢瓦河谷里建有几百座华美得超乎人们想象的城堡，一代代王宫贵族们在这里繁衍生息。除了王室专用的昂布瓦西城堡（Amboise）、希农城堡（Chinon）、舍依索城堡（Chenonceau）、香波堡（Chambord）和布洛西城堡（Blois），在它们附近30公里处，有钱有权的贵族们也效仿王室的审美，建起数目繁多、风格各异的城堡。这些城堡四周都有护城河，或是建在河流的交汇处。护城河水清澈如镜，厚实的城堡高墙外是广袤的田野和山峦，将宽大的落

地门窗打开，河谷里的清新空气便扑面而来。王室或贵族的领地上还有种满奇花异草的花园，以及供围猎用的珍奇禽兽出没的自然保护区。这里的恬静和安宁为长年出征的国王们带来了心灵上的慰籍，他们终于可以踏下心来，在卢瓦河谷的城堡里与家人体会生活的乐趣。在这个得天独厚的优渥的美食产区，享受城堡美食和举办盛宴是人们热衷的乐事之一。

据说历代王室在一年中会举办 150 多次名目繁多的大小城堡宴会：譬如婚礼，条约签订（或解除），宗教节日，凯旋归来（远征在即），孩子出生，登基和加冕。如今流传在卢瓦河谷的城堡美食佳话正是由历史上一位位慷慨好客的城堡主人、声名远播的赴宴客人和在厨房忙碌的雄心勃勃的大厨合力谱写而成的。

城堡宴会最热情多智的女主人
—
凯瑟琳·德·美第奇
（Catherine De Medici ）

　　美第奇在 1533 年嫁给法王弗朗索瓦一世的儿子亨利二世后，便开始以她无以伦比的艺术品位和对奢华的热衷，来大刀阔斧地策划她的城堡生活。昂布瓦西城堡是她抚养 10 个子女的地方。皇室家族每个人都配有随从、侍者和家庭教师，这意味着庞大的就餐数字：据说城堡每天要提供 "468 个面包，47 瓶塞第尔白葡萄酒和红葡萄酒，17 头半牛，熬汤用的牛肉，12 古斤肥膘肉，一个半牛肚，接着是小牛肉：4 头小牛及其内脏，12 块煮白汁块的肉。羊肉类有：7 头绵羊和 12 只羊脚，7 头半山羊羔和其内脏。家禽类：80 只母鸡和肉鸽，31 只阉鸡和 8 只鹅。另外还有 1 只野兔，78 古斤肥肉，50 枚鸡蛋，12 古斤照明用蜡烛……"（引自《文艺复兴时期卢瓦尔河谷的城堡》一书）。这样数额的每日消耗，虽有司厨长负责，但美第奇王后要考虑节气和敲定订货单，也劳苦功高。

　　1533 年美第奇嫁给亨利二世时，正值她家乡佛罗伦萨的美食巅峰，所以和美第奇一起来到法国的还有她忠诚又手艺超群的意大利厨师纪尧姆·韦尔热（Guillaume Verge）。在王后的授意下，一道道意大利美食摆上了法国城堡的家宴和盛宴：奶油烤空心意面、小牛胸腺、松露、雪葩、贝夏梅白汁、薄饼和用水浴法融化巧克力做出的香浓蛋糕。比起此前城堡餐桌上单调的干巴巴的大块烤肉和土豆，这一道道赋予食材新生命的新颖大菜，不露声色地把文艺复兴之风吹进了沉闷的中世纪城堡，来就餐的贵客们也竞相让自己城堡里的大厨模仿烹制这些"更有生命力的美味佳肴"。

　　除了菜式，美第奇更知道怎样让每次欢宴成为座上宾朋在随后很长一段时间内的谈资。所以尽管每次延续两天的盛大宴会都要用时四个月准备，美第奇也从不放过任何一次欢庆的机会，她参与的舍侬索城堡的扩建工程就是为举办规模更盛大的宴会准备的。她在横跨舍尔河（Cher）的城堡长廊上参照意大利威尼斯廊桥的样式，加盖了第二层。这两层，一层住人，另一层就纯粹为娱乐准备——铺着黑白双色大理石板的地面，天然地起到了视觉延伸的作用，廊道两侧是落地大窗，天气晴好时，把窗户打开就可俯视缓缓穿流而过的舍尔河。

在宗教战争胶着、瓦卢瓦王朝日渐式微的岁月，作为皇太后的美第奇在舍侬索继续举办各种宴会。这些形式新奇的恢宏宴会向法国人和欧洲宫廷不断传递着瓦卢瓦王朝依旧辉煌的信息。这位被很多历史学家尊称为"最有创意的节庆艺术家"的女王、皇太后，以卓越的艺术审美和对戏剧的热爱，借由一次次城堡盛宴，发挥着自己不凡的想象力，用高雅有趣而又不可拒绝的城堡娱乐使贵族们无暇彼此争斗。

城堡宴会的座上宾和设计者

—

 达·芬奇
（Leonardo da Vinci ）

几个世纪以来，卢瓦河谷宽松愉悦的气氛吸引了很多著名的学者、作家和哲学家来此追寻灵感，放松身心。巴尔扎克、卢梭、伏尔泰都曾是城堡宴会的座上宾，这些贵宾里最赫赫有名的就是达·芬奇。

开明的弗朗索瓦一世把年事已高的达·芬奇请到卢瓦河谷，视他为老师，并把他安置在昂布瓦西皇家城堡旁的克洛·吕斯（Le

Clos Lucé）城堡。达·芬奇骑着毛驴，身携自己绘制的三幅稀世名画（其中就有《蒙娜丽莎》），翻山越岭从意大利来到弗朗索瓦身边。他居住的克洛·吕斯城堡与国王居住的城堡有山路相连，开窗就可以看到皇室气势轩昂的建筑。年轻的弗朗索瓦国王和他的姐姐——写出《七日谈》的玛格丽特公主，每天都会来城堡聆听达·芬奇讲话，这使他们姐弟二人受益匪浅。

在卢瓦河谷居住的三年时间里，达·芬奇还策划过很多次宴会和庆祝活动。

一位名叫阿那思塔修（Anastasio）的贵族在一封书信中描述了达·芬奇策划的一个奇特的宴会开场。1517 年在法国阿尔让唐（Argentan），为庆祝弗朗索瓦一世拜访姐姐玛格丽特，"在路上出现了一只威风慑人的（机械）狮子，一个隐士递给国王一根鞭子。国王用鞭子三击这只狮子后，狮身自然弹开，肚子里面铺满绿松石，中间是画在王室皇徽上的百合花（fleur de lys）"。正是达·芬奇设计了这只机械狮子。

1518 年，为庆祝皇太子的出生，达·芬奇策划并重现了诗人贝尔纳多（Bernardo Bellincioni）的戏剧《天堂盛宴》（*Festa del Paradisio*），演出在达·芬奇城堡的花园里举行。这是个美妙的夜晚，座上宾驻法大使维斯康迪（Galeazzo Visconti）曾这样描绘："前天，星期天，最虔诚的基督徒国王举行了一场盛宴，我一定要为你们形容一番：宴会举办地的克洛城堡像是个宏大美丽的宫殿。整个花园被一块天蓝色的大布罩了起来，上面点缀着金色的星星，太阳在一侧，月亮在另一侧，美得令人难以置信。火星、水星、土星也居其位，还有十二星座。另有 400 盏烛台将花园照耀如白昼"。

城堡美食的缔造者
—
雄心勃勃的大厨们

名厨特耶旺（Taillevent）——
刻在他石棺上的肖像。

运营城堡每日的饮食供给是个大工程。庞大的城堡厨房队伍除了要保证美味的一日三餐，更要在司酒官、面包总管和司肉官的统筹管理下，熟知各种礼仪禁忌，并保证原材料供应的充沛。

卢瓦河谷城堡名厨特耶旺（Taillevent）最懂得在这片沃土上烹饪的快乐。不管是每日三餐，还是要提前几个月筹备的盛大宴会，原材料几乎都能在现地解决：河谷里的鲜鱼，树林里捕猎来的野味，城堡自耕地上的鲜果时蔬。这些原料确保城堡美食既传统又实在，即便是为王宫贵族准备的大餐，也一定保留着法国乡村美食的风味。

除了食材，城堡大厨们还有其他法宝助阵：卢瓦河谷几百座城堡的厨房都有代代相传的城堡菜谱和让人艳羡的型号齐全、数额惊人的古董铜炊具。除此

在巴黎杜丽公园举办的文艺复兴盛宴。图中身着黑裙的正是这场宴会的设计者和女主人，凯瑟琳·德·美第奇皇后。

之外，一间间城堡厨房更是宽敞豁亮。舍侬索城堡的厨房分区相当合理：屠宰分割区、烧烤区（烧烤架摇把是通过与城堡外舍尔河上安装的水压调节装置控制的）和面包炉各分一隅。一个个擦拭得锃亮的铜锅，大小形状各不相同，每个都为烹制特殊的大菜而设计。卢梭（Jean-Jacques Rousseau）说过："环境优美的舍侬索城堡里乐趣太多，再加上美食，我都快胖成修士了"。

在 Montgeoffroy 城堡里，有 260 件纯铜炊具，每件铜炊具都有独特的烹饪功能。有些铜炊具在经年使用后已经被镴补过很多回，锅底和四边布满补丁。可就是用这样一口铜补过的铜锅，大厨做出的"7 小时慢炖羊腿"能让英国皇太后念念不忘，并特意把大厨请到温莎城堡给自己的厨师们面授机宜。

除了专业大厨，热爱生活并钟情于城堡文化的主人们也会变身

我也特别热衷于收集各种各样的烘焙模具。家中这些"宝贝"的队伍还在不断壮大着。

厨神。100多年前，当西班牙人约西姆（Joachim Carvallo）和他的美国太太买下Villandry城堡时，这里险些被拆掉。这两位师从诺贝尔医学奖得主的医学专家在卢瓦河谷找到了灵魂之所。夫妇俩拿出做学问的耐力，重新规划了10英亩之广的城堡花园。除了一年四季繁花似锦之外，蔬果园也有特别好的收成。带着温热泥土气息的食材让城堡主人约西姆热情高涨，他统领着厨房做出最应季可口的城堡美食。

有次他在奥维涅（Auvergne）一处城堡做客，主人以美食款待。席间约西姆站起身来对城堡主人说："还是让我为您做一顿配得上您精美城堡建筑的晚餐吧。"（显然晚宴没有达到约西姆的标准）。他的菜单包括：快煎水波蛋配藏红花面包，慢炖阉鸡配瓦伦西亚米饭，甜点是奶酪拼盘和一篮现摘的杏。很显然，他的西班牙美食让宾客尽欢。如今，他的城堡食谱由女儿整理编辑成册，不

图 / Peter Graham

105

但仍在自家宴会上沿用，也成为更多热爱美食的人们争相尝试的烹饪宝典。

几百年过去了，卢瓦河谷里有些城堡在战乱中已经被夷为平地，有些也只剩下残垣断壁，昔日王室贵族的城堡生活变得模糊且遥不可及。然而更多的城堡迎来了目光远大，热衷于保护历史的新主人。他们把城堡修葺一新，迎接着更多的宾客，城堡宴会不再是特权阶级的专享权利。中世纪和文艺复兴时期厚重的城堡宴会菜单中记载的菜式——诸如刺猬和獾，还有"将雌鹿角分枝切成薄片，在猪油中煎后淋上柠檬汁"等重口味的大菜，也被别致清新的当代城堡美食取代：烤韭葱派、慢烤珍珠鸡配菊苣根、橄榄鸭子、红酒渍草莓、翻转苹果派……在沿用古老食谱的基础上，每座城堡都有令大厨和主人骄傲的美食，这些食材均来自卢瓦河谷，巧用心思就可以烹出美味。

城堡厨室里厨火不熄，这正是主人和客人们最大的幸福。

大黄夹馅的姜饼烤苹果

Roasted Ginger Bread Apple with Rhubarb Stuffing

准备时间: 30 分钟 烘焙时间: 30~40 分钟

· 4 个苹果;
· 500 克大黄;
· 6 汤勺白砂糖;
· 35 毫升白葡萄酒;
· 150 克姜饼;

· 20 克蜂蜜;
· 5 克胡椒粉;
· 2 个鸡蛋;
· 25 克黄油。

————— 做法 —————

[1]

大黄去皮,切成小块,放入白葡萄酒、白砂糖、蜂蜜和胡椒粉同煮 40 分钟,直到水汽散尽;

[2]

烤箱预热 170℃,把姜饼切成小块,搅打鸡蛋;

[3]

苹果洗净,从头部切下大约 1/4,挖去苹果核,剩下 3/4 的底部去皮;

[4]

用搅打好的鸡蛋均匀涂抹在苹果上,再蘸上一层姜汁饼干。把煮好的大黄填馅塞进苹果,再把刚才切下的苹果头部放上;

[5]

将苹果放入烤盘,烤 35~40 分钟。

大黄填馅烤苹果,苹果酥烂,里面的大黄馅酸甜清香。苹果外一层姜汁饼干碎,正好调节口感。烤好的苹果诱人极了。配香草冰淇淋吃最棒!

克劳吕斯城堡里有一间中世纪风格餐厅 Auberge du Prieuré,餐厅大厨 Sieur Sausin 通过重现中世纪 / 文艺复兴时期的食谱,带给食客不一样的感受。这道他拿手的甜点,灵感来自一道 15 世纪的食谱。

 美食小百科

文艺复兴时期的私人食谱

典型的中世纪宴飨就是铺张奢华，当时烹饪被看作是野心、竞争和雄性的代名词，因此宴会充满了浓郁的政治气息。进入文艺复兴时期，尽管人们在宴会上不再出于炫耀而大量地消耗珍稀的禽鸟：如天鹅、鸬鹚、苍鹭、孔雀，和创造各种奇异怪诞的宴会主菜，但延续铺张浪费的传统还是让伊丽莎白女王濒于破产。海峡另一侧，法国路易十四的凡尔赛宫里，常年有1500位全职厨师24小时待命。

文艺复兴时期的厨房也被清一色的男性厨师占领，操办一个个宴会就是厨师的"一人秀"。孔德王子的厨师瓦泰尔就是因为鱼没有在宴会前及时送到而自尽了（可悲的是，他的尸骨还未寒，成筐的鱼就送到了）。厨房里的任务是至高无上的，女人在这里一无是处，只能被分配去洗菜。

在这样的大背景下，文艺复兴时期一位英国贵妇和她手记的菜

谱就显得尤为超前，并十分珍贵（后面的文章《私人食谱收藏者》一文中有详细介绍）。

这本由贵族夫人埃莉诺·菲蒂普蕾斯（Elinor Fettiplace）在1604年完成的菜谱里，收录的菜肴与我们的现代饮食习惯相当接近。菲蒂普蕾斯大胆地使用"非英国"的手法和原料烹饪，比如用糖和香料为菠菜挞调味；在甜、咸菜品中都加入玫瑰水调味；调稠酱汁使用的是今天"新式烹饪"中最正确的方法——即用蛋黄和蔬菜而不是使用面粉。

书中还描绘了彼时自给自足的英国乡村经济：摘自自家苹果园的苹果，花园里采摘的香草和花朵，蜂巢里随用随取的蜂蜜，甚至"清晨挤好的牛奶表层还是热的……"。

菲蒂普蕾斯的烹饪手法是直白、快速和实用的。菜谱中虽然还有明显的中世纪色彩：比如大量使用葡萄干和玫瑰水。但更多的是特别超前的"现代风格"，很多菜与我们今天的饮食风格十分一致，比如用水果给肉类菜肴添味。她是真正热爱食物，懂得享受食物的美食家。而她的菜谱即使在今天，也能源源不断地给喜爱下厨房的人们带来灵感。

墨西哥
爱国菜

墨西哥酿辣椒配核桃奶油汁

Mexican Stuffed Chilli with Walnut Cream Sauce

　　初到墨西哥城那些天，我眼里的这座城市是棕色的（是的，棕色。不知是空气污染的缘故，还是城里用作建筑材料的 tezontle 火山岩本身的颜色使然。目之所及，都像是罩上了一层棕色）。两千多万人口，四百多万辆车，永远拥挤的错综的车道和高速路，密密匝匝遍布在多座火山包围的这个盆地城市里，重压着被填平的阿兹台克人曾经的谜样的河道上。

　　地下水抽取过剩使这座城市不断下沉。20 世纪以来，墨西哥城下沉了近 11 米。旧城（Centro Historico）的很多老建筑（包括 Zócalo 广场旁的大教堂和总统府）互相倚靠着，像是战场上幸存归来的伤兵，为着荣誉仍努力地矗立着，挣扎着不陷进松散的沙地里。可专家们说了，做什么都是徒劳，只能眼看着这座城市继续沉下去。

人头攒动的街道，再加上无处不在的拉丁音乐，还有一群群身着鲜艳民族服装的贩卖小吃、工艺品的印第安人，所到之处永远是一片沸腾，棕色背景中的沸腾。

从旧城徒步就能走到的艺术区 Alameda 则是另一番样子，这里满溢着浓郁的欧洲氛围。绿荫环抱的欧式花园一角，是墨西哥国立美术馆所在，这里的每一块大理石都是当年推崇欧化的总统

迪亚兹（Gustavo Diaz Oraz Bolaños）从法国运来的。展馆内，新经典主义和装饰艺术特色的细节让人目不暇给。这里是墨西哥？还是欧洲？还是两者都是？我真有些糊涂了。随后几天探访 Polanco 和 Condesa 两个街区的所见更加深了我的疑问，因为这里有欧式的整洁雅致的街巷，西班牙风格的庭院深处，人们穿着裁制精良的衣服，小口慢饮红酒，品尝各式西点。这里没有马里阿奇乐队，没有烟熏火燎的烤玉米和架在炉火上的大锅烧莫莱鸡肉（黑巧克力酱鸡肉），没有满街的小商贩。偶尔看见几家墨西哥风格的小餐馆，是那么不起眼。这里与棕色一点不沾边。

　　这到底是哪里？ 我突然想起 20 世纪美国传奇服装设计师，千里迢迢来中国找寻大熊猫的探险家露丝·哈克内斯（Ruth Harkness）说过的那句话："墨西哥是个处处充满了强烈对比的国家"。可不是么，墨西哥城里的对比真是无处不在。

按照墨西哥官方的文宣，梅斯蒂索（mestizo, 指西班牙裔与印第安族的混血）文化就是欧洲文化和印第安文化的混血。可印第安人不愿承认这个名称。对他们来说，印第安文化和西方文化间没有共同点，不是一回事儿。所以露丝·哈克内斯几十年前说的"强烈对比"今天依然存在，而且一时半会儿不会消失。这一点也清晰地折射在墨西哥美食上，比如，我们去朋友推荐的一家位于 Polanco 的餐厅吃饭，餐厅提供无国界法式菜品，菜单上竟然没有辣椒提供。在墨西哥最高档的餐馆里几乎看不到辣椒的影子，至少不会作为主菜出现。因为，那些欧洲化的精英阶层认为辣椒是代表印第安族群的"上不得台面"的食材。

原本是带着吃懂墨西哥菜的决心来的，我却越来越摸不到头绪了。这个处处有着强烈对比的城市，难道连美食也非要陷入非此即彼的境地么？

知道我爱吃，喜欢琢磨吃，到了墨西哥几日却仍未吃出究竟，当地的朋友带我来到了 Coyoacan 这个墨西哥城里的老街区。这里不但有画家弗里达的故居和工作室"蓝屋"，也是刚逝去的歌唱家查维拉·瓦戈斯（Chavela Vargas）沉寂多年后一展歌喉，东山再起的地方。当然，最关键的是这里有家餐馆，他们做的传统菜"酿辣椒配核桃奶油汁（chile en nogada）"特别有名。朋友还告诉我，可别小看这道菜，墨西哥人都把它看作"爱国菜"。

　　我们一行冒雨来到 Coyoacan。早晨一场小雨把一条条高低不平的鹅卵石小路洗刷得干净透亮，小路汇集处就是一个中心广场和一座装饰繁复的巴洛克风格大教堂。这两处都聚满了兴高采烈的人群，许是教堂祈祷忏悔之后，再赴广场上的各种美食玩乐聚会，会更让人心安一些吧。广场空地上长年搭设着一个用于集会的大棚，居民们有什么政治诉求和想法，全可以来这里畅所欲言。墨西哥民众可是出了名的

政治热情高，一场小雨也没能阻止纷至沓来的人们，大棚里率先播放起了热烈的音乐。街坊邻里互相打着招呼，随着音乐夸张地拥抱着，寒暄后落座。大棚外，身穿鲜艳衣服的卖传统工艺品的小贩，还有路边连成片的巴掌大的小饭馆也各自开张揽客。

我们要去的饭馆就在这个热闹的广场边上。Puebla 出产的靛青色大花方瓷砖从地板一直铺到房顶，像是给餐厅绷好了一个油画框。餐厅里一张张实木的圆桌子，紧挨着摆在一起。传统墨西哥背景音乐中，身着西服的男侍者和穿着传统服装的女侍者，有序地忙碌着。客人一落座，他们就忙着把各种蘸酱分放在小盘里，先端上桌。餐厅一角是半开放的厨房，这里热气蒸腾，还不时传来"啪啪"的声响，并伴着特别焦香的玉米味，原来这是在现烙玉米薄饼（tortilla）。这色香味加上音效和环境，让我心中不禁暗喜：看来在这里破译墨西哥美食有戏。

那就点"墨西哥爱国菜"！等菜的时候，我开始回想这些天尝到的各式地道墨西哥美食：巧克力辣椒酱（mole sauce）——这是用磨碎的辣椒加上坚果和多种复合香料，并以浓黑巧克力做底的酱汁。用这个酱做出的巧克力辣椒酱鸡胸，味道浓厚，吃完齿颊留香半晌。还有墨西哥肉粽（tamale），用煮好的肉块加上其他香辛料做馅，卷在玉米面团里，再包上玉米外皮同蒸；当然还有各种卷饼（taco），烙好的卷饼里，放肉放菜外加各种蘸料。说到蘸料，据说墨西哥还真有上千种口味各异的蘸酱（每个城市，甚至每个街区都有自己搭配组合出的特色蘸酱）。这些美食都想了一遍，似乎哪样都可以是"爱国菜"，但又好像缺了些什么，不能独挡一面。

　　终于，"爱国菜"上桌了。一个被塞得鼓鼓的硕大的辣椒，神气地浸在浓稠的白色酱汁里，辣椒上还点缀着一颗颗晶莹的石榴籽。经朋友一点拨，我恍然大悟：白色的核桃奶油汁，绿色的镶满肉馅的辣椒，还有上面点缀的鲜红晶莹的石榴籽，这红白绿正是墨西哥国旗的颜色。切开辣椒，仍是惊喜不断。因为肉馅里放着各种果料，所以肉糜鲜美多汁，再加上辣椒隐约的辛辣和核桃酱的香滑，一口吃下去太满足了。据说这道菜是在 1821 年墨西哥结束西班牙统治时，为纪念墨西哥首位国王奥古斯丁·依楚比德（Agustín de Iturbide）想出来的，诞生地在墨西哥城东南的小镇 Puebla。这道菜所需原料来自墨西哥各地，最好的原料汇集一盘，再加上西班牙人带来的石榴，完美地体现了墨西哥文化的多样性，完全配得上"爱国菜"这个昵称。

　　8 月中下旬开始，直至墨西哥独立日 9 月 16 日（国庆节），是墨西哥的"爱国月"。在这段时间里，宣传墨西哥精神精髓的各种爱国主题庆祝活动纷纷展开，这其中，美食更是必不可少的一环。

众多爱国美食里，这道"chile en nogada"最受欢迎，不管是外食还是自己烹制，人们都会在这段时间里吃上一次。

眼前这盘有着 200 多年历史的"爱国菜"，在我看来，有着后现代的食物景观。因为食物和味道是文化再生成的最重要的载体。这色香味浓郁的一盘菜，正是墨西哥多元文化的体现。"墨西哥爱国菜"微妙地融合了墨西哥传统印第安文化和欧式文化，辣椒、核桃、奶油和石榴——这些各有过往的原料最终得以在这盘菜里相遇。既然食物是连接情感的扳机，那么深埋的记忆和思量，以及经年的往事，就都会借着味蕾苏醒过来。尝着"墨西哥爱国菜"，我一下茅塞顿开，终于明白了墨西哥美食和墨西哥！

这道"墨西哥爱国菜"其实可以借鉴过来，作为家宴饭桌上一道中式"酿辣椒"的升级版。"酿"和"镶"的技法不但巧妙借鉴了蔬菜的外形美，或整用或对剖，形式多样，而且在填入的馅料上也可以按口味任选材料。这里没有什么规矩束缚，一切都悉听尊便，还真是个显示厨艺的大好机会。下面这道菜谱是在综合墨西哥Coyoacan 餐厅的食谱和陆续收集的不同 chile en nogada 做法的基础上总结出来的。感兴趣在家宴上给亲人朋友带来惊喜的厨艺爱好者们不妨一试。

✧ 美食小百科 ✧

五百年前的南美宴飨和有趣的墨西哥烹饪工具

16世纪西班牙士兵贝尔纳尔·迪亚斯（Bernal Diaz）参与了西班牙在中美洲的殖民征服战。他写了一本名为《征服新西班牙信使》的书，书中记录有阿兹台克国王蒙特祖玛（Montezuma）的一次宴会。令人惊讶的是这场16世纪发生在南美洲的宴飨竟在格局、风格、娱乐和菜式的多样性上与当时欧洲的宴客餐桌如出一辙："300道专门为蒙特祖玛烹制的精美菜肴从厨房里鱼贯登场，每道菜下面都有专门用来加热的点了明火的陶瓷盘子……，珍珠鸡、火鸡、鹌鹑、雉鸡、家鹅和野鹅；鹿、小香、豹子、野兔……；小丑、歌咏、杂耍……还有赏赐给演员的可可饮料。国王离席后，客人们方可进餐，这时候1000道美味佳肴被端上桌子，还有数达2000多扎的可可饮料"。

如果你想尝试在家制作墨西哥菜，那么你会需要以下这些必要的烹饪工具：

·Comal: 薄的圆形铁盘，放在明火上，专门用来烤制墨西哥玉米饼；

·Molinillo：雕刻精美，周身带有多处镂空构造的木棒。专门用来制作浓巧克力，使用时把木棒放在盛有液体巧克力的锅里，用双手不停揉搓木棒，搅动巧克力；

·Tortilla press：玉米饼压模专用；

·Ollas：这是只有在墨西哥才可以发现的厨具。是用于慢炖的泥锅；

·Molcajete 和 Tejolete：在阿兹台克年代就开始使用的研磨罐和杵，用火山岩制成。专门用来研磨制作 mole 酱汁。

《华尔街的宴会》（1928）

迭戈·里维拉（Diego Rivera）

（1886-1957）

（墨西哥教育部节庆庭院，墨西哥城，墨西哥）

墨西哥酿辣椒配核桃奶油汁

Mexican Stuffed Chilli with Walnut Cream Sauce

准备时间：1.5 小时　制作时间：1 小时

—— 原料

肉馅

- 猪里脊 300 克；
- 两瓣大蒜，切碎；
- 1 个洋葱切成两半；
- 2 勺菜籽油；
- 2 个西红柿；
- 2 勺切碎的杏脯；
- 2 勺杏仁粉；
- 1 个青苹果切碎；
- 半个桃切碎。

核桃奶油酱

- 120 克去皮核桃仁（核桃仁一定要去皮，否则出来的奶油汁会有苦味）；
- 半杯牛奶；
- 1 杯酸奶油；
- 160 克新鲜羊奶酪（或其他鲜奶酪）；
- 2 勺雪莉酒（或 1 勺白兰地）；
- 2 勺白砂糖。

酿辣椒

- 10 个中等大小厚皮尖椒（皮厚的尖椒不易露馅）；
- 2 大杯菜籽油（用于煎制）；
- 1 杯面粉；
- 4 个大个鸡蛋，蛋白蛋黄分开放；
- 少许白醋；
- 现剥石榴籽。

做法

做馅

[1]

将猪里脊肉切成两三厘米见方的小块，放入冷水中，加入两整瓣蒜和半个洋葱同煮。水开后，撇血沫转小火，盖上盖再煮 30 分钟左右或直至肉烂。煮肉水过筛，留一小半。煮好的肉切碎，放进留好的煮肉水中；

[2]

另取一锅，放油，炒香洋葱和蒜末后，加入切好的西红柿，继续翻炒至西红柿析水出汁。加入切碎的猪肉和肉汁，翻炒收汁，加入杏仁粉、切碎的苹果和桃，不断翻炒，直至果肉熟透，馅料变稠，离火。放少许白砂糖、少许盐调味。

核桃奶油酱

[1]

水没过核桃，煮开后再小火煮 6、7 分钟。煮好后，沥水，用小毛刷（或者牙刷）刷去核桃皮。小锅煮开牛奶，放入核桃后离火。盖上盖子闷半小时至核桃熟透。晾凉待用；

[2]

在搅拌器内放入核桃、牛奶、酸奶油、鲜羊奶奶酪、雪莉酒和少许白砂糖，搅打成柔滑的酱汁，过筛。放一边待用。

辣椒

[1]

将洗净的辣椒放进 210℃烤箱上层，烤至表皮变黑取出。立刻放进一个带盖的容器里，稍后剥皮（容器内的热气有助于剥皮）；

[2]

剥皮后的辣椒去蒂去籽，从顶部塞入肉馅，一定要塞满；

[3]

将填好馅的辣椒放入冰箱冷藏定型（约 1 小时）。

煎制镶辣椒

[1]

在一个平盘里放入面粉；

[2]

先打发蛋白，打至出半发泡（打发的鸡蛋白出现小尖头），加入蛋黄、醋和少许盐，继续打几下；

[3]

辣椒先蘸面粉再蘸蛋液；

[4]

锅中放油，油温 7 成热时逐一放入辣椒。一次不要多放，以防油温变低。炸至两面金黄捞出滤油。

盘中先放辣椒，再满满淋上奶油核桃汁。上桌前点缀几粒石榴籽。

美食建筑学

——"千层"美味

秘方浓汁意大利千层意面 / 中式家常千层肉饼

Italian Lasagna / Chinese Mille-Feuille Meat Pie

爱吃意大利千层面（lasagne）的加菲猫常挂在嘴边的一句话就是："千层面再一次拯救了我的生命"。想想从烤箱里端出的一盆冒着热气的千层面，从厨房到餐桌，一路回响着烤熟奶酪"滋滋"作响的声音。一层层微卷起的面皮间全是好料：肉碎、香肠、微酸的水瓜柳、拉丝的奶酪，还有不断从四边流溢出的缎子般的白汁和香浓的红酱。我敢肯定，这么美味的千层面肯定不止拯救了加菲猫。

《多层甜点蛋糕》
安托南·卡莱姆
（Marie-Antoine Carême）

法国名厨安托南·卡莱姆设计的多层甜点蛋糕，每一款都受到建筑蓝图里描绘的古迹的影响。对古迹和建筑情有独钟的卡莱姆，在甜点店当学徒时每日往返于点心铺和巴黎国家档案馆。他乐此不疲地查找资料，画图，再让自己手中的甜点、菜品显现出建筑之美。

我爱吃也更爱做千层面。意式的"千层面"总让我联想起中式的"千层肉饼"。二者都是一层面皮一层馅，层层叠起的美味，而且都兼具色香味，还容易制作。"千层"这个与建筑学沾边的比喻也十分有趣。中西"千层"的制作工艺和成品的形式感让我联想到了美食中随处可见的建筑学。

现存最古老的建筑学名著《建筑十书》中，维特鲁威（Marcus Vitruvius Pollio）关于火是建筑学起源的讨论，直指出是烹饪艺术带给建筑空间以灵感。他笔下的建筑师也像是个通才——因为他应该"既有天赋，又能遵循指令，他理应受过教育，擅长用铅笔，熟习几何，通晓历史，追随哲学家，懂得音乐并有些医学常识，明白法学家的意见，并知道天文学和天体理论"。因为美食和建筑的交集之一就是艺术化的表现形式，所以厨艺精湛的厨师就如同通才的建筑师一样，在烹饪时统管食物的生产、制作、展示和归置，直到完成美食。

维特鲁威这段对建筑师的描绘让我联想到，"国王的厨师，厨师中的国王"卡莱姆（Marie-Antoine Carême）曾说过："烹饪艺术其实与建筑艺术有异曲同工之妙，两者最后的成功组建都在于安排各个组成部分之间良好的平衡。"这位自幼就有厨艺天分的厨师就是位"美食建筑师"。卡莱姆是巴黎国立图书馆雕刻艺术部的常客，他也是古典建筑迷，通过透彻研习印度、中国和埃及的古建筑，他用手中的油酥面、杏仁糖霜、糖与面粉重塑出了城堡、神殿和古罗马喷泉。

给食物赋予"坚固"、"实用"、"美观"的建筑特色，这种尝试

《警醒之门》
(Arch of Vigilance)

中世纪时盛大的宴会上，人们用食物堆砌的实物大小的拱门。拱柱上的猪头尤其让人惊叹。这可以被称作是美食建筑学历史上的一个里程碑。

早已有之。17 世纪时的意大利拿波里，为纪念受洗约翰日（St. John the Baptist's Day），人们用奶酪、火腿和香肠做出了凯旋门（见左图），门楣上还装饰有两头小乳猪。而时至今日，很多新兴餐厅强调视觉冲击享受的摆盘，显然是受到了建筑大师弗兰克·嘉里（Frank Gehry）的后现代风格影响。

做千层面的过程也是每个人展示自己建筑创造力的机会。人们既可以根据自己的喜好选择馅料搭配，又可以不拘一格地组合成型。在《为什么意大利人喜欢谈吃》一书中，柯斯提欧克维奇（Elena Kostioukovitch）提到了意大利美食的"5P"经典组合，即意大利面（pasta），熏肉（pancetta），西红柿酱（pomodoro），红椒（peperoncino）和皮克利诺意式羊奶酪（pecorino），这听起来就像是美食建筑师手中的各色"建材"。

千层面是很多意大利家庭节庆餐桌的头盘。从正午开始的筵席会一直延续到晚上，中途吃累了，休息会儿再回来，切上一块千层面补给。除了放入带有碎肉的博洛尼亚风味酱、小牛肉、生火腿肉

的传统夹馅，每家都有属于自己的千层面食谱：洋蓟和菊苣，煮熟切片的鸡蛋和橄榄；素食主义者可以放切成薄片的各种地中海蔬菜：茄子、西葫芦、红色甜椒、蘑菇和擦成丝的胡萝卜；喜欢海鲜的也可以放入各种生猛海鲜原材料；在利古里亚（Liguria）地区，千层面里有时会放荨麻叶和热那亚绿酱（pesto genovese），意大利北部山区还有放入蜗牛的千层面。放西红柿酱的红酱千层面和放里考塔（ricotta）乳水奶酪的白酱千层面也有各自的爱好者。

　　千层面的面皮有两种，一种是无需水煮，即可直接铺在烤盘里使用的"方便千层面皮"，放入烤箱后，馅料的热气可以把面皮烘熟；另一种是边角带波浪滚边、略厚的传统面皮，这样的面皮需要事先水煮后才能用。两种面皮我都用过，说实话，使用方便面皮绝对会让你的烹饪程序大为简化，而且口感也几乎与传统面皮相差无几。

　　准备千层面的过程就是一个"建模"的过程：面皮备好，肉酱

汁煮好，作为黏合剂的奶酪丝、红酱、白汁（béchamel）也按比例备好，余下的工作就是一层层码放了。先在容器底部放上一层熬好的酱汁，酱汁上一块挨一块放上面皮，再放上白汁，这个时候为了让面皮之间黏合得更紧密，还可以放上一层奶酪。就这样按部就班一层层码好，并按压瓷实，直到铺满三层面皮。收尾时再浇上一层白汁，放上水牛奶酪，就可以进烤箱了。

　　与意大利千层面形态相近的中式千层肉饼，在制作时也有建造的乐趣。我们常吃的家常千层肉饼是各式带肉馅饼的"精进版"。北魏孙思邈的《齐民要术·饼法》中记载了 20 多种面食，其中的"烧饼"一则里就说："作烧饼法：面一斗，羊肉二斤，葱白一合，豉汁及盐，熬令煮，炙之，面当令起"。这"烧饼"其实就是放了熟肉馅的发面馅饼，放在今天就是汁多鲜美的羊肉大葱馅饼。同样的发面肉馅饼在《魏书·胡叟传》中也有记载，这在当时是有钱人家设宴待客的美食。唐朝《唐语林》中记录的"古楼子"，则更像是一种油酥饼夹肉。

北京人爱吃的长条形肉饼，被形象地叫做"褡裢火烧"。清真风味的"门钉儿肉饼"，用牛肉大葱做馅儿，咬一口一嘴汁儿。这肉饼要烙得比通常吃的馅饼小几圈儿，但要在厚度上比其他肉饼高出一些，因外形像故宫大门上的门钉（乳钉）而得名。还有乾隆爱吃的"香河肉饼"——饼皮薄，里面夹着一层又薄又香的肉馅。小时候和爸妈到大连度假，午饭常吃当地的"李连贵熏肉大饼"。熏肉肥而不腻，肥瘦比例特别合适，还带着辛香诱人的中草药味道。用煮肉的老汤油和酥后烙的饼夹肉，口味特别相合。

这些肉饼虽然从形态和做法上都有与千层肉饼相似的地方，但还是做千层肉饼时的乐趣更多。把一坨饧得软硬适中的面，擀成又薄又大的面皮，然后用刀划出折痕，随后在面皮上抹开一层调好味的肉馅，再加上葱。沿着折痕一提，一盖，再叠合，这一开始的三步就已经出了三层。随后再不断重复这个步骤，面皮擀得越大，层数就能叠出更多。等到整完形放进饼铛里开烙时，千层肉饼的雏形就已经很壮观了。做好后切开，一层饼一层肉，中间是油汪汪的肉汁，好不诱人。

意大利千层面和中式千层肉饼，虽然用的都是最常见的食材，但因为融入了来源于生活的巧思而散发着独特的美食诱惑。建筑师勒·柯布西耶（Le Corbusier）在《走向新建筑》一书中说过："你用石头、木头和水泥当材料盖了房子和宫殿，那是构造物。但猛然间你触动了我的心扉，让我觉得美好。我很高兴地说：'真漂亮'，这就是建筑了。（因为）有艺术融入其中。"可口的千层面和千层饼中就可见这样的"艺术"，当你想用食材代替建材享受建造的乐趣时，就从"千层"开始吧。

意大利秘方浓汁千层意面
Italian Lasagna

准备时间：20 分钟　烘焙时间：35 分钟

—— 原料 ——

- 速熟方便千层面皮 1 盒；
- 硬质奶酪丝 200 克；
- 牛肉馅 375 克；
- 中等个头的洋葱 1 个，切碎；
- 蒜 4 瓣，切碎；
- 意面专用西红柿酱汁 1 瓶（500ml）；
- 1 根芹菜，切得极碎；
- 半根胡萝卜，切得极碎；
- 意大利生火腿 4~5 片，切碎；
- 红酒和红酒醋各少许；
- 橄榄油 4 汤勺；
- 盐和胡椒适量；
- 少许肉豆蔻，擦成粉状。

白汁

- 2 汤勺融化黄油；
- 2.5 汤勺面粉；
- 2 杯牛奶。

—— 做法 ——

肉酱

[1]

炒锅里放橄榄油，放入芹菜碎和胡萝卜碎，炒香炒软后放入洋葱，待洋葱变透明，放入蒜末，略煸炒后放入牛肉馅，炒散。加入火腿；

[2]

在锅中加入西红柿酱汁，不断翻炒，直到汤汁略变浓稠。放入红酒，红酒醋，继续翻炒几分钟，加入盐和胡椒调味，加入肉豆蔻。

白汁

[1]

在小锅中融化黄油，加入面粉慢慢翻炒。不要变成棕色；

[2]

离火后慢慢加入牛奶，边加边搅拌，再开火用中小火加热，直到开锅。关火。

千层面

[1]

烤箱预热 210℃；

[2]

取一个深一些的容器，在容器底部先放上一层肉酱，然后在肉酱上一一码放好面皮，不要有空隙。再均匀地放肉酱，浇上白汁，撒上奶酪；如此重复，直到码放好三层面皮；

[3]

在最上面的面皮上（第三层面皮）浇上白汁，再均匀地撒上奶酪丝；

[4]

放入烤箱，烤 30~35 分钟，或直到奶酪丝变金黄。

中式家常千层肉饼

Chinese Mille-Feuille Meat Pie

准备时间：20 分钟　饧面时间：60 分钟　制作时间：30 分钟

—— 原料 ——

做馅

- 牛肉馅 500 克（最好是牛肉馅和小牛肉馅各一半，如没有，全用牛肉馅也可以）；
- 花椒水 3 汤勺（碗里放入几粒花椒，浇入开水，晾凉待用）；
- 老抽 1 汤勺；
- 生抽 3 汤勺；
- 甜面酱 1 汤勺；
- 料酒 1 汤勺；
- 香油少许；
- 大葱 1 根，切碎后拌入香油备用。

饼皮

- 面粉 700 克，用 60℃温水和成略软些的面团，饧面 40 分钟到 1 小时。

—— 做法 ——

做馅

[1]

在牛肉馅里分次加入花椒水，每次 1 茶勺左右，不断向一个方向搅拌；

[2]

依次加入生抽、老抽、甜面酱和料酒，不断搅拌；最后加入香油和切碎的大葱末。

千层肉饼（原料可以做两张肉饼）

[1]

取用饧好面团的一半，擀成一个椭圆形的大薄片；在面片上用刀轻划出 4 刀（如图 1），这样正好是将面片 9 等分。千万不要切断；

[2]

取一半肉馅，均匀地涂抹在面片上，左下角的面片上不要放肉馅（图 2）；

[3]

把左下角没有肉馅的面片提起来，向上盖在有肉馅的左中部分。再把左上角面片往下翻覆盖于其上；此时已是三层。再把这摞起的三层一起向右翻到面皮正中间（此时已经是四层）；再依照刚才的步骤：下面的面皮往上翻，盖在四层上（此时已经是五层），然后，把上面的面皮往下盖，按在已成的五层上（此时是六层）。再重复一遍该程序，直到成为九层肉饼。用电饼铛烙熟即可。

中西

饺子荟萃

韭菜鲜虾鸡蛋饺子 / 意大利茴香根奶酪饺子

Dumplings with Chinese Leek, Prawn and Eggs
/
Italian Ravioli with Fennel and Ricotta Cheese

　　世界各地都有让人百吃不厌的特色饺子。有趣的是，虽然都被归类为饺子（dumpling），可不论外形还是口味都大不相同。比如意大利的饺子，种类就不少。有的用几个鸡蛋和面作皮儿，放上龙虾馅、奶酪馅、蘑菇馅或是牛骨髓馅，就可以包出 ravioli 或者是 tortellini 这样好看又好吃的饺子。还有一种饺子完全把做皮这过程给省了，像我意大利好朋友妈妈做的意大利北方特色无皮饺子 canederli，就是化腐朽为神奇的美食。用剩面包，各种咸肉（早餐吃剩下的熏肉、咸肉、salami 切碎），加上意大利香菜和腌鳀鱼，还有一个整蛋，和成一团，然后再分成一个个乒乓球大小的椭圆球儿。高汤咕嘟咕嘟冒泡时，在饺子球外面裹上薄薄一层面粉下锅煮，浮起来就好了（挪威土豆饺子 klubb 的做法也与此类似）。

　　饺子不但可以没有皮，而且还可以用蒸熟的土豆碾碎再和面作皮，比如捷克名菜——就着大肘子和炖菜吃的土豆饺子；意大利的土豆饺子（gnocchi），就是一种无馅无皮的饺子：用土豆和白面和面做出一个个土豆球，煮好后佐以各种风味不同的酱汁食用。

中国的饺子据说是东汉名医张仲景最早发明的。一年冬天，天寒地冻，他用羊肉和其他祛寒食材熬汤，汤熟后，将食材捞出切碎，裹以面皮做成耳朵形状，名叫"娇耳"，取天冷护耳祛寒之意。两汉以后，馄饨和饺子开始流行。有一说，古代馄饨和饺子本为一物，只因在子夜时分食用，故名为"交子"。因为好吃又好做，还丰俭由人，所以被认为是"天下通食"。二十世纪六十年代在新疆吐鲁番的唐墓中出土了保存完好的完整饺子，5厘米大小，新月形状。可见饺子在唐代时就已传到西域。

宋元时期的饺子更是花样翻新，听听这些名字：水晶角儿，煎角儿，驼峰角儿和莳萝角儿，放在一起是幅活灵活现的饺子浮世绘。吃得精细讲究正是生活富足，饮食文化精益求精的表现。宋代话本《快嘴李翠莲记》中提到的"匾食"也是饺子。想着古人随五行生活起居，按季节规律调和五味，再加上应季饺子馅搭配，真让人对彼时的饮食文化心生敬佩。

一边包饺子，一边聊聊家事国事和身边趣事。到了年节时，一家人在爆竹声中包饺子，这种阖家欢乐的场景是做其他美食所体验不到的。五谷作皮，五味调馅，一家老小齐上阵，不用事先交代，分工自然分明：和面的，拌馅的，揪劲儿的，擀皮儿的，包饺子的，下锅的，还有煮好了往桌上端的，整个过程是家庭和谐默契的体现。有哲学家早就归纳了，他们认为这是中国人善于综合思维的反映。再深究些，就会发现包饺子、吃饺子是自古以来中国人对五行学说生活化的一个具体反映，这里面学问大着呢。

饺子可精工细作，更可以家常随意。精细的饺子不胜枚举，比如《红楼梦》（第四十一回）里记录的"螃蟹小饺"，就是款江南名点心。每到秋天，各地蟹肉蒸饺更是供不应求。西安饺子宴里，就有各种八珍、燕丝、海参作馅料的精品饺子。而自己在家包，则可以方便随意些。《西游记》里都说了："就似人家包匾食，一捻一个就囵圙"，透着那么利索，轻松。家里吃饺子还可以依家人喜好，包些顺口的馅儿，因为每家都有自家钟情的饺子馅组合。

　　我们家包饺子就很少吃荤馅的，全家人都喜欢用时鲜的蔬菜搭配做馅。如果出一个全家最爱饺子排名榜，西葫芦香菜素馅饺子必须排第一名。西葫芦一年四季都能找到，中外菜市都有，所以何时何地想吃，立刻就能开包。西葫芦擦丝杀水，放上切成小段的香菜，再来些掰碎的排叉，少许五香粉，少许香油和盐调味，馅儿就做得了。因为放了五香粉，再加上西葫芦的肉透口感，所以虽是全素馅，吃着也是鲜香味厚。

　　还有就是北京孩子的专属味觉记忆——鸡蛋茴香馅饺子。茴香洗净，控干，切成两三毫米长的小段，再拌入葱花和炒好晾凉的鸡蛋，多放香油拌匀，馅儿就齐了。北京人都有"茴香情结"，恨不能一听到"茴香"两个字，就会条件反射般地咽咽口水。吃茴香饺子时还一定要就大蒜，一口饺子一口蒜，那才过瘾。1＋1＞2 的协同效应在吃茴香饺子配大蒜这个吃法上，充分体现了出来。

　　饺子更是应季和过节时必不可少的佳味。炎夏伏天儿，头伏饺子二伏面，既开胃又解馋；到了春节，大年初一和"破五儿"的饺子就更不能少。破五的饺子最好是全素馅儿，一丝儿荤的都不放，民间管这个做法叫"刮油"，多形象啊！过年吃饺子的点睛之笔是

吃时必蘸的腊八醋。腊月初八一家人齐上阵，剥蒜泡醋，随后的三周里，每天都不忘看看罐子里的蒜是不是变得更绿些。腊八蒜晶莹的宝石绿色，迎着隆冬的太阳光映衬着人们过年的心气儿。饺子冒着热气一上桌，一家人就迫不及待地开封腊八醋，盖子打开的刹那间，满室蒜香醋香，让人齿颊间生津，等不及地要立刻夹上个饺子蘸食尝鲜。

　　一家人聚在一起，谈笑间饺子包好下锅，水蒸气嘘满窗棂时，家里的孩子趁势在窗户上画上个大大的红心，或是小脚丫，这乐子多大！吃完饺子再喝上一碗热腾腾的饺子汤，老辈人管这叫："原汤化原食"，那真是通体舒泰！

韭菜鲜虾鸡蛋饺子

Dumplings with Chinese Leek, Prawn and Eggs

准备时间: 20 分钟 饧面时间: 30~40 分钟 制作时间: 30 分钟

原料

饺子皮

· 1 斤面粉；

· 冷水一杯。

饺子馅

· 韭菜一大捆（约 500 克）；

· 鸡蛋 4 个；

· 去皮鲜虾 20 头（多些也无妨）；

· 干虾仁 1 大勺（不用水泡，直接剁碎放馅里即可）；

· 香油（3~4 汤勺）；

· 盐少许；

· 姜末少许。

做法

[1]

先和面。面粉里慢慢注入冷水，一边用手搅合一边注水。揉成一个光滑的面团（记住和面成功的"三光"标志：面盆壁光滑，面团表面光滑，手光洁）。饧面 30 分钟左右；

[2]

韭菜提前洗好控干。切成 3、4 毫米左右的小段，放入剁成蓉状的鲜虾，放入炒好晾凉的鸡蛋末，放入剁碎的虾干和姜末。放入香油后，再加盐调味（先放香油是为了防止韭菜出水）；

[3]

包饺子时用一张盖帘放包好的饺子，可以防止饺子皮粘连。而且一个个

饺子下锅煮熟后，饺子底部都会有一条条的盖帘印，美观且有家的印记；

[4]

煮饺子时记住："盖盖儿煮馅，开锅煮皮儿。"所以水开后饺子下锅，立刻盖盖儿，水开，点一次水；接着盖盖儿煮，第二次开锅，加水后，不再盖盖儿；第三次开锅后，加第三次水（少些），水再开，饺子就可以捞出了。这样煮的饺子，皮筋道，馅也熟透。好吃。

[5]

我们家吃韭菜饺子时爱在醋里放些绿芥末。这是个提鲜的妙招。

意大利茴香根奶酪饺子

Italian Ravioli with Fennel and Ricotta Cheese

准备时间: 5分钟 制作时间: 15分钟

原料

饺子皮

- 300 克意大利 "00" 高筋面粉（售卖西餐调料的超市都会有）；
- 2 个大个鸡蛋；
- 少许盐；
- 1 勺橄榄油。

饺子馅

- 1 个茴香根（fennel），切碎；
- 230 克 ricotta 奶酪；
- 一小把九层塔叶子，切碎；
- 60 克帕玛臣奶酪丝。

做法

做馅

[1]
把茴香根蒸熟（5 分钟左右），晾凉；

[2]
在茴香根里加入 ricotta 奶酪、九层塔叶子、盐、帕玛臣奶酪丝，备用。

做饺子皮

[1]
将面粉放在一块大案板上，堆成一个火山堆状，在中间凹陷处放入鸡蛋、橄榄油和盐，一点点将面粉混入，和成面团。面团的硬度可以参照用食指轻触鼻尖的感觉。饧面 20 分钟；

[2]
面饧好后，用压面机做出长面片。再分成 4~5 厘米见方的面片。

包 ravioli 饺子

[1]
将馅料放在面皮中间，面皮四周涂上少许鸡蛋液，再取另一片面皮盖上，按压严实就好了。愿意的话，可以用 pasta 专用花边刀，在四周修出花纹。饺子都包好后，需要过 15~20 分钟后再煮；

[2]
水开后，ravioli 下锅，水再开（大约 3~4 分钟），饺子浮起来就煮好了。

[3]
吃的时候可以加高汤吃有汤的 ravioli，或者就撒些帕玛臣奶酪和橄榄油，作为正餐前的开胃点心。

不寻常的家常菜

冰天雪地里，

食一碗红烧肉

苏式红烧肉

Braised Pork Suzhou Style

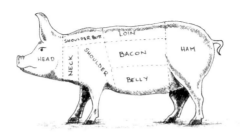

　　红烧肉是最常见的家常美食了，每家都会烧。我记忆里的红烧肉有好几种形态。首先一种肯定是刚做好的，肥瘦相间的一碗，冒尖儿带着热气颤颤悠悠地被端上桌，但见汁浓色重，肉皮泛着诱人的油光；另一种形态就是冬天做好的红烧肉，放在院子里的石头桌上，上面扣好一个大盆。冰天雪地里，红烧肉隔夜变身。翌日打开大盆一看，碗面上凝固着一层不薄不厚的乳白色油膏。一块块红烧肉，凹凸有致地埋在白色油膏下，俯瞰起来还真有点水墨画的意思。过了一夜，红烧肉更加入味。有时候顾不得等着热开，用筷子扒拉出一块，肉四周还挂有些许肉冻。这个时候一口吃下去，真是过瘾；第三种形态就是以红烧肉为主，和各种辅料搭配炖出的烩菜，这也是我最爱吃红烧肉的原因。前一天炖好的肉放上鸡蛋做成元宝蛋，放上大白菜、百叶结、扁豆干或者粗粉条，就是有荤有素，味道合口的红烧肉衍生菜。素菜这么一做，都摇身一变，美味翻番儿了。也只有这个时候，大家都会抢着吃里面入足味的素菜，而暂时顾不上红烧肉本身了。

这么家常的红烧肉，真要做得好吃，也要讲究选料和烹调手法。

先说选料。猪的一身都可入菜，而且有些还是中国烹饪名菜："东坡肘子"，"红烧蹄髈"，近脊部的肉可拿来做"咕噜肉"，猪尾巴可拿来煲"花生猪尾汤"，特级校对陈梦因先生的《食经》里提到的"猪什烩海参"，就是用海参、猪肝、猪粉肠、猪心和冬菇、冬笋、马蹄、红枣做出的大菜。明代《宋氏养生部》中收录有很多江南及北京名菜，光是猪肉菜肴就有二十多种烹煮方法。清代的《调鼎集》中也收录颇多。

由此可见猪肉不同部位的做法繁多且不同。《礼记·内则》中就说："猪'刚鬣'则肥健"。这指的就是好猪肉要选鬃毛硬挺的。这样的猪，周身肉质鲜美。猪肉切件，肥瘦相间的，就是肌间脂肪多，肉中"呈味"物质也就多，用这样的猪肉做出的菜肴，口味醇厚。"后臀尖"、"后腿肉"都属这类。我做红烧肉，会不费周折地搭配五花肉和前腿肉同时炖。五花肉是五花肋条上剔下来的不带骨头的方肉。五花肉又分为"硬五花（硬肋）"和"软五花（软肋）"。一条美好的五花肉，肥瘦相间有致，间隔排列开来，民间称作"五花三层"。前腿肉的挟下部位又俗称"不见天"（也有一说，"不见天"

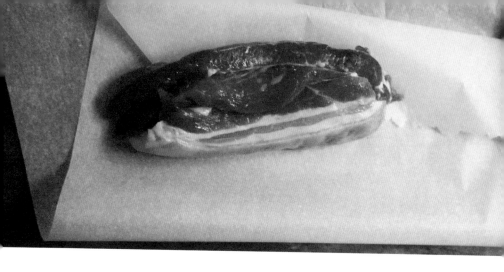

是猪后腿内侧的肉），多形象的名字。这块前腿内侧的肉虽然见不到光，但因平时运动充足得以肥瘦相宜，是块俗称的"活肉"。五花肉和前腿肉各取一半，切成大块，这样炖出来的肉，不但吃得过瘾，而且不柴，相当适口。

我奶奶出生在苏州大户人家，她会吃善做。她的一个个拿手菜，光是菜名说出来，都已经让人垂涎不已。得到她老人家真传的苏式红烧肉，尝过的没有不称绝的。提到这个苏式红烧肉的秘诀，真的一点就透，那就是"吃肉的原味"。我从小就记得家里人最不赞成"炒糖色"这个做法。因为炒糖色除了为给肉挂上色，更是要防止肥肉部分在后续的制作过程中"跑油"，而使肉块由大变小。过去吃上一顿肉不易，所以炒糖色的同时，还恨不得用足八角花椒茴香葱姜蒜，其实都是为了人为地给猪肉加味。这样，吃上一块两块的，就顶住了，想来这些画蛇添足的做法也真是窘迫生活的不得已而为之。在我奶奶看来，这种做法实在对不住自己，也更不能继承先人"烹调"的真意。

"烹调"一词的来源本就是先烹后调。先秦古记里说烹肉时，"只烹不调"，因为"无味乃有味之始"。所以"烹"的原意就是煮出肉汤即可，谓之"大（tài）羹"，那时候的人们认为原味最美。后来随着烹调术发展，才开始了对"调"的摸索。夙沙氏"初煮海盐"之后，做出放了盐的"鉶羹"，这也是我国烹调史上有烹有调的最早一道菜。随后，《吕氏春秋·本味》中还着重强调了调和五味的同时也要和火候搭配好。苏轼不是说过么："慢着火，少着水，火候足时他自美"。

历史上有过用不同烹调方法做出的红烧肉，最早的红烧肉食谱出自南北朝时期。《齐民要术》中记载了一道叫"奥肉"的食谱，就是肉斩件，先炒，再加猪油、酒和盐慢火煮。然后放入瓮中，浸以猪油，吃的时候再取肉煮食。明清时的《调鼎集》里也提到过一道"灯灯肉"，也是大块猪肉入锅，加水及调味料，密封锅盖后，先用大火烧开，再撤去火，改用油灯一盏对准锅脐烧，烧上一夜至酥烂。

在美食历史和家常味觉记忆中，都占了一席重要地位的红烧肉，其实烹调起来相当简单。用我家苏式红烧肉的做法，选用上好的猪肉，调味只用生抽（咸味），老抽（上色），姜片（去腥），绍酒（去腥提鲜）和冰糖（提鲜增亮），至简调味，为的就是一享至美真味。

苏式红烧肉

Braised Pork Suzhou Style

准备时间：15 分钟　制作时间：3 小时

原料

- 猪五花肉 750 克，猪前腿（或后腿）750 克；
- 生抽 4 勺（喝汤用的勺子），老抽 4 勺，也可根据个人口味适当增减；
- 姜 4 ~ 5 片；
- 绍酒 4 勺；
- 几滴香醋；

- 冰糖 100~150 克（冰糖用刀背或者擀面棍敲成小块。苏式红烧肉偏甜，这里冰糖用量可以根据个人喜好增减）；
- 开水（一定要加入开水，开水的量以没过肉 4~5 厘米为佳）。

做法

红烧肉

[1]

猪肉切大块（3.5 厘米见方最好），浸在冷水里 15~20 分钟，以便"拔"出血水。拔好的猪肉，沥水待用；

[2]

炒锅烧热，放一小茶勺食用油。炒香姜片后，放入肉块，不断煸炒，同时淋入几滴醋。翻炒直至肉块变色。这个时候放入老抽、生抽、绍酒，再继续煸炒 2 分钟左右；

[3]

肉块均匀挂上调料后，加入开水。切记一定用开水，而且一次加足水！水需没过肉块 4~5 厘米，盖上盖子，大火煮开。煮开后，转小火慢炖。此间不要开盖，用小火慢慢炖上两个小时再 15 分钟。此时开盖，加入冰糖收汁。

这里有两种收汁方法。

两种收汁方法

[1]

加入冰糖后可以再盖上盖子，转中火收汁 15 分钟；

[2]

加入冰糖后可以打开盖子，转大火，不断把渐浓稠的汤汁，翻炒到肉上，即为"收汁"。用筷子插入一块肉里，一下插进去，而且肉有软且弹的感觉，那就大功告成了。

* 《小面团里的大世界》一文中正好介绍了做馍的良方。就用这个馍，中间横切一刀，配上红烧肉（夹进馍之前，一定用叉子将肉块搅碎些），再来点香菜和尖椒。苏式红烧肉配上陕北的馍，出彩又好吃。

夏日午后，
来几片酱牛肉下酒

酱牛肉

Chinese Braised Beef Shank

　　小时候我最爱和家里人去北京老字号"稻香村"买各种熟食。尤其是在夏天，午睡后暑热减退，城市里有点醺醺然的味道。浓荫匝地的胡同里特别安静，只有稻香村门口的绿色长条塑料门帘儿，被小风吹得轻轻摆动。拨开门帘进到店里，立刻就会被柜台里摆着的各色熟食和小菜所吸引。通常我们会买一两样豆制品，再让师傅给切上几两酱牛肉，挑酱牛肉的时候，还不忘嘱咐师傅给挑一块"筋多"的来切，这消夏的小菜就齐了。回家路上，我的另外一个任务是拿着清洗干净的塑料啤酒升（一个能装一公升鲜啤酒的塑料容器），去饭馆的便民窗口打上一扎鲜啤酒。酒肉全齐，这夏天晚饭就甭提多惬意了。

所以对我来说，酱牛肉应该算是最家常的下酒菜了。隔三差五，想贴膘儿解馋，又懒得自己下厨房的时候，我总会上超市的熟食品柜台，买上一盒现成的酱牛肉。出国多年，熟悉的稻香村和月盛斋的酱牛肉不再是想吃就能买得到了，所以我就按照家里沿用的传统方法自己做酱牛肉，别说，味道真是丝毫不差。

其实家里做酱牛肉简单又省事，一次多酱上几块，几天的小菜就有了。想要做好酱牛肉，关键之一就是挑对肉。酱肉一定得挑牛腱子，牛腱子又分前腱和后腱，后腱肉多筋少，前腱则是筋多肉少。喜欢吃酱牛肉的都喜欢筋多肉少的前腱，不单是因为口感好，更是因为酱好的牛肉冷却后切开时，片片筋肉相间，肉筋在酱制后，色如琥珀，透亮诱人。酱牛肉因为这晶莹剔透的肉筋，也添了几分镶嵌艺术般的美。

肉挑对了，就该耐下心来慢慢酱制了。酱牛肉的"酱"字其实并不是指酱油，而是面酱。汉代开始用豆和面加盐制成酱，在西汉史游①所著《急就篇》中就有"酱之为言将也，食之有酱如军之须将，取其率领进导之也"的记载。这说的是酱的妙用就如军中将领，其调味添鲜的妙用绝不一般。豆酱之外，清人顾仲的《养小录》中还提到面酱的做法。在饮食史上，用豆麦混合发酵制酱，使成品酱风味厚实，从而产生中国首创的"酱香味"，这绝对算是为食物史作出的一大贡献。

酱牛肉时我用两种酱调味：六必居的甜面酱和天源酱园的黄

---

①：史游，西汉元帝时官黄门令，作《急就章》。后人称其书体为章草。

酱。这两样是老北京人做炸酱面少不了的原料，可究竟为什么非得是这两家酱园产的甜面酱和黄酱，互调一下还不行，我想这就是吃主儿们的"约定俗成"吧。

肉和酱都备齐，还有一样最关键的佐料不能少，那就是"时间"。极少有人把时间算作佐料的一种，殊不知，这正是做好酱牛肉最关键的一味佐料，而且极为珍贵。在迈克尔·鲍兰德（Michael Polland）的新书 *Cooked* 中，作者带着惋惜的口吻说："现在典型美国家庭用在准备食物上的时间只有平均 27 分钟了，这仅是 1965 年用时的一半"。这样比较起来，酱牛肉材料简单，工艺也绝不复杂，唯一奢侈的就是用时。清真老字号月盛斋的酱牛肉一定要酱上6 小时以上，在家做，肉量少了，用时不用那么久，可也需要至少 3、4 个小时。

有人不解，这么费事做牛肉，还不如只用几分钟煎块牛排省事呢。快煎牛排和慢酱牛肉的关系让我想起克劳德·列维—斯特劳斯（Claude Lévi-Strauss）从结构主义的角度解读烹饪和文化的理论。在他的理论里，烹饪分为"外向烹饪"（exocuisine）和"内向烹饪"（endocuisine），外向和内向指的是烹饪方法。一块生肉，放在锅里慢慢烹制，所有的烹制过程都发生在密闭的锅里，这就是"内向烹饪"，参与的方式大都是亲密的家庭成员在家里私属的空间里进行。按克劳德·列维—斯特劳斯的说法，与烧烤和明火煎炸这样的"外向烹饪"相比，锅中水煮慢炖的"内向烹饪"方式更能加强家庭的纽带。

暑夏午后，灶台上置一口汤锅，小火慢酱。酱汁经火加热后，从锅底和四壁慢慢传递热量，如此让酱味徐徐渗入牛肉里。水泡冒到汤头，"扑扑"作响的声音充满了甜美的生活情趣。就是这慢火和简单之极的酱汁在一口锅里，给牛肉添味，让牛腱子慢慢变嫩，直至熟透。

酱好了的牛肉千万不要急着切开，而是要留在酱汁里过夜入味，第二天吃之前放在冰箱里"紧劲儿"。然后按照《礼记·内则》的手法"绝其理"，即横对着牛肉纤维的纹理切，这样可以隔开筋络，让每片酱牛肉的纹路都疏密有致。一片片酱牛肉环形码放盘中，只见筋肉相衬，真是一幅妙笔绘就的抽象画。

酱牛肉

Chinese Braised Beef Shank

准备时间：20 分钟 制作时间：3 小时 30 分钟

- 牛腱子（前腱）1000 克，切成拳头大小；
- 甜面酱 4 大勺；
- 黄酱 6 大勺；
- 生抽、老抽各少许；
- 草果 2 个；
- 姜片 3 片；
- 桂皮 1 片；
- 料酒 4 大勺；
- 开水两大杯；
- 冰糖一把。

—— 做法 ——

酱牛肉

[1]

一口锅里放入冷水，再放入牛肉块，中火烧开；

[2]

另取一锅，放入除冰糖外的所有佐料，烧开后转小火备用；

[3]

煮牛肉的锅里水开后，将浮沫除净，把牛肉捞进烧开的佐料锅里，再添入一些煮过牛肉的水，让汤汁没过牛肉；

[4]

酱牛肉汤汁烧开后转小火，慢炖 3 小时；

[5]

3 小时后打开锅盖，放入冰糖，待冰糖全部融化后，关火；

[6]

关火后，让牛肉浸在酱汁里过夜；第二天一早取出牛肉，放进冰箱紧劲儿；

[7]

吃之前切成薄片。

一碗凉面，
重温旧时慢生活

花椒油面 / 葱油芝麻菜冷淘面

Cold Noodle with Sichuan Pepper Dressing
/
Home Made Noodle with Rocket Juice, with a Fragrant Spring Onion Oil Dressing
and Mixed Vegetables

　　我爱吃凉面，尤其是在溽暑时节。一碗凉面既可以激活食欲，又能解馋，制作起来花样繁多却很简单，实在是一举多得的应季吃食。难怪我国自古就有入伏吃凉面的习俗。

　　凉面早在隋唐时就开始盛行，当时叫做"冷淘"。常见的凉面就有"槐叶冷淘"、"水花冷淘"和"甘菊冷淘"等数种。顾名思义，这些凉面都是取用植物汁液和面，煮熟后再投入"寒泉盆"中过凉水制成。吃的时候佐以葱酱和醋做的浇头，十分鲜美。

　　《唐六典》中有关于槐叶冷淘的记载："太官令夏供槐叶冷淘。凡朝会燕飨，九品以上并供其膳食。"炎夏里，槐叶汁的清香凉苦正好可以使人毕败火生津，正是给文武百官最佳的犒赏。《入洛记》中描述"水花冷淘"的做法也十分生动，制作冷淘的老妇人手法娴熟，等着吃面的食客还来不及鼓完掌，一碗冷淘就做好了，味道之美令"富子携金就食之"。水花冷淘做好后，是用冰镇的低度谷物酒浸凉食用的，这真是豪爽又有趣的吃法。用植物叶汁和面做的唐宋风物"冷淘"，以及将虾肉、羊肉末、甘菊苗汁直接揉进面里的"红绿面"、"玲珑馎饦"等，时至今日仍是各地传统凉面的根基。西北地方上有种"蒿籽面"，和面时加些野生蒿子的籽，

这样做出的凉面筋道又透亮，吃起来有独特的清香。

　　入夏吃凉面在各地有不同的食制，也更是老北京人的心头好。《民社北平指南》中就有老北京人喜在伏天吃凉面的记载："初伏水饺，二伏面条，至三伏则为饼……"。《酌中志》中也记载着老北京人入伏要吃的过水面（煮好的面过凉水，即过水面）的风俗："六月初六日，皇史宬古今通集库晒晾，吃过水面，嚼银苗菜，即藕之新嫩秧也"。《帝京岁时纪胜》中也提到凉面："夏至大祀方泽，乃国之大典，京师于是日家家俱食冷淘面，即俗说过水面是也。"李渔说过"食之养人，全赖五谷"，还真是有道理。盛夏时戒奢求简的凉面的确是养生佳品。

　　从小到大，一到夏天我就爱吃各种凉面。那时家附近绒线胡同路口亲民的四川饭店小吃部就供应川味凉面。柜台里一个个硕大的竹屉上放着煮好、拌上油且用风扇吹凉的凉面，根根爽利泛着油光，摆成小山一样。旁边的一个大盆里盛着焯过晾好的半透明的豆芽菜，另一个大盆里就是泛着光亮的琥珀色的凉面浇头。当年川菜尚未像今天这样火爆，所以用来给凉面调味的这个麻辣鲜香的浇头让人一吃便上瘾，各方食客更是为此给四川凉面取了个"怪味凉面"的别

称。因为经常去吃，吃的时候又琢磨这"怪味"到底是怎么调出来
的，我妈终于"破译"怪味成功，在家做出了好吃的怪味凉面浇汁：
调稀的麻酱放上葱姜蒜汁，再加上酱油、醋、花椒面、红油辣子和
白糖，这"怪味"汁就调好了。正是川菜调味上的破格和变通让一
碗凉面有了灵魂！四川饭店小吃部学来的"怪味凉面"很快就上了
我家夏日餐桌。做法既保留原味，又有我家的独创：买来的切面不
要煮得过熟，捞出后控干水分放在竹帘上，然后拌上香油后用电扇
吹凉，吃的时候拌上浇汁和豆芽菜。自家吃，我们还要多放红油，
再加上些花生碎和白糖，料足吃起来格外开胃过瘾。

延吉冷面也是消夏开胃的美食。开在府右街路口的延吉冷面餐
厅是我们一家在什刹海游完泳后补给、解馋的最好去处。口感韧滑
的荞麦面上铺上几片切成大片的熟牛肉，半个煮熟的鸡蛋，辣泡菜
和黄瓜丝，还有一片苹果片，红黄绿色面码配在一起甚是好看。冻
得冰凉的冷面汤使得盛汤用的大桶表面渗出细密的水珠，用大勺舀
上凉汤浇在面上，再加上一勺调好的葱辣酱和熟芝麻，齐了！面碗
端在手里真是透心凉，一碗面下肚，暑气顿消。在中国北方，荞麦
面又被称作"饸饹"，蒲松龄曾谓："饸饹压如麻线细"。因为在

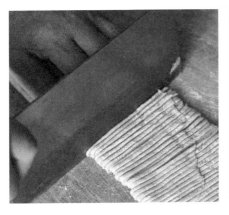

贫瘠的土地上也能生长，荞麦逐渐被很多国家种植。邻国日本也有喜食荞麦冷面的风俗，最讲究的当然是手打荞麦面，如果没这个条件，那就买袋装的荞麦面，煮好冰凉，放在竹帘上，上面再放些烤紫菜丝。另备一个料碗，里面放上特制的面酱油蘸汁（日式高汤，浓口酱油加味淋按一定配比煮开晾凉即可），再有一小碟切细的小葱，讲究些的搭配些现磨的山葵泥和山药茸。吃的时候挑（tiǎo）上些荞麦面，蘸上佐料，真是鲜凉可口。

　　在家准备应季凉面也是在沿袭旧时慢节奏的生活方式。用井水、冰镇凉开水镇过的过水面、用风扇吹凉的油拌面，这一道道不可或缺的制冷程序就是放慢时间、顺应天时的避暑妙法。凉面的浇头更可以随心所欲，丰俭由人。元代《云林堂饮食制度集》里记载的冷面浇头用到鳜鱼、鲈鱼和虾肉。如果这听起来太过繁复，您可以参照苏北地区的传统凉面方子，来个简化的蛋皮、虾子和韭菜合炒的浇头。

　　家常凉面，主要在于味道，讲究好吃、开胃、五味融合。我家常吃的几款凉面正好符合这些条件。除了此前提到的"怪味凉面"，

家中还经常吃花椒油面。油锅里煸香花椒,连油带花椒一起浇进盛满生抽的碗里,这花椒油卤就好了。吃的时候配上些焯过切碎的香椿和煮透的黄豆,别提多香了。还有老腌汤面,用的是腌制水疙瘩(芥菜头)的咸菜老汤,吃时在老腌汤上"呲"上些现炸的花椒油,就成了老腌汤浇头。过水凉面上放上几勺浇头,再佐以烂蒜汁和黄瓜丝提鲜。这老腌汤可金贵了,夏天吃上一回就跟过节一样令人高兴——因为,如今有几家还自制水疙瘩呀。腌制水疙瘩的人家,到了春天,将水疙瘩捞出晾干,仔细储存起来。然后再将腌汤过滤,烧开,晾凉后存于密闭的罐子内,留到夏天拌面吃。

食谱中的两款凉面好吃又好做,肯定会为您家的夏季餐桌上平添几丝清凉。

"过水儿"和"锅挑儿"

　　"过水儿"与"锅挑儿"都是北京话，指的是面煮好后的"冷吃"和"热吃"。"过水儿"就是文中提到的唐人所称的"冷淘"，即把煮好的面捞入一大盆冷开水中，拔凉后再吃，夏天吃"过水儿面"最是痛快。与之相比，天气凉了就要吃"锅挑儿"——用长筷子从滚开的煮面锅里，直接把面捞进大碗里吃。一个"挑"字，生动地描绘了吃面时的场景。"过水儿"与"锅挑儿"后的面都讲究搭配美味的浇头，比如放肉丁的荤炸酱和放木须的素炸酱。炸酱讲究搭配使用天源酱园的黄酱和六必居的甜面酱，油热放姜葱碎，出香味了，放入肉丁或鸡蛋，加入调稀的酱，用小火慢炸。炸得好的酱讲究的是盛入碗里时，沿着碗边汪出亮油。配上青豆、黄瓜丝儿、焯好的豆芽、水萝卜丝儿和青蒜这些色彩漂亮又合口的面码，不管是"过水儿"，还是"锅挑儿"，都保准能让人吃上一大碗。

花椒油面

Cold Noodle with Sichuan Pepper Dressing

准备时间: 5 分钟 制作时间: 5 分钟

* 这款凉面从准备到上桌不超过 10 分钟，绝对是夏季快手美食。

—— 原料 ——

· 1.5 茶勺青花椒；
· 3 汤勺菜籽油；

· 8 汤勺生抽；
· 切面适量（按家中人数定）。

—— 做法 ——

[1]
炒锅中放油，油 6 成热时放入花椒，用小火将花椒炸透；

[2]
花椒变色后关火，趁热连油带花椒浇入盛有生抽的碗中；

[3]
切面或手擀面煮熟，过冷水，拌入花椒油卤，再淋些醋。喜欢的话可以配上些面码，比如焯熟切碎的香椿，或者是豆芽、黄瓜丝。

葱油芝麻菜冷淘面

Home Made Noodle with Rocket Juice, with a Fragrant Spring Onion Oil Dressing and Mixed Vegetables

🍴

准备时间: 40 分钟　制作时间: 15 分钟

前文提到古时用植物汁液和面，做成的面条过冷水被称作"冷淘"。这是特别有古韵的凉面做法。古为今用，我们也尝试做一次有新意的冷淘面。

原料

主料

· 芝麻菜 150 克;

· 面粉 500 克;

· 水少许（酌情增减）;

· 盐少许;

面码

· 鸡蛋 2 个;

· 豆芽菜一把;

· 胡萝卜 1 根，切丝备用;

· 黄瓜 1 节，切丝备用;

· 水发好的木耳一把，焯过后切丝备用;

· 熟芝麻 1 茶匙。

葱油浇汁

· 家制葱油;

· 白醋;

· 少许白砂糖;

· 盐。

做法

芝麻菜冷淘面

[1]

芝麻菜打成菜泥，加入面粉和少许水、盐和成面团，饧 20 分钟左右；

[2]

饧过的面团擀成 2~3 毫米厚的大薄片，叠起后切成细面条。开水煮开后，放在冰水（冷开水中放些冰块）里镇好。

面码

[1]

鸡蛋搅好，在平底炒锅内煎成薄的蛋皮。晾凉后，切成细丝备用；

[2]

豆芽菜、胡萝卜和黑木耳分别过水焯好，晾凉备用；

[3]

黄瓜切丝备用；

[4]

白芝麻用小火焙香，晾凉备用。

葱油浇汁

[1]

家制葱油，按个人口味加入白醋和少许白砂糖、盐即成冷淘面的葱油浇汁。

[2]

家制葱油在家常菜烹制时用处很多，所以可以一次多做些，放进密封罐里保存。制作葱油时在炒锅里放入 300 毫升食用油，油温 3~4 成时放入草果、大料、桂皮、香叶和茴香籽，小火煸炒出香味后捞出；然后再放入一个洋葱切丝和整头大蒜，煸出香味后取出；最后放入大葱和小葱丝，炸至葱丝焦香，葱油就做好了。

[1]

过凉水的芝麻菜冷淘面上放好面码，再浇上葱油汁，拌匀即可。

* 冷淘面的精髓就是用植物汁液和面做面条。所以尽可以选用手头时蔬，榨汁和面，比如菠菜、芹菜、胡萝卜，等等。

小面团里的

大世界

馍 / 印度馕 / 墨西哥薄饼

Chinese Pita Bread / Indian Naan Bread / Easy Mexican Tortilla

　　"我简直无法相信，这一切真的发生了！我整个人从指尖到肘弯，一直到全身心地扑在上面，揉啊揉啊，真的太放松了！"我的朋友 T 女士去了我推荐给她的"揉面团俱乐部"，只上了一节课，就忙不迭地打来电话表示感谢。这个俱乐部是个私人社团，每周一次教做面包。来上课的人中有很多是平时压力大又无处发泄的工作狂，他们都纷纷在揉面做面包的过程中体验到了解压、彻底的放松和成就感。

　　面粉注水后，开始从细碎的棉絮状渐渐聚在一起，越揉越细腻，十来分钟后，面盆里就有了个光滑的面团。揉面时的节奏也那么吸引人：面团在手掌下挤压出气的声音，面盆和桌子轻微摩擦的声音，在静谧中传达着期盼。当然还有各种面粉自身散发的香气，地道的粮食味道和空气接触后，在揉面过程中会有越来越浓的酒香味渗出。揉面过程中，正副交感神经有序切换，这正是化解压力的原理所在。

　　水、蛋液、油或是牛奶都能用来和面粉混合。先搅拌再揉搓，直到面粉粒粒黏结，成为一整团。想吃发面的可以放点酵母，慢慢等着面团鼓胀发酵。喜欢用面团烙饼、擀饺子皮的，就等着面粉内的蛋白质在揉搓和饧发的时候产生面筋，变得柔韧松软。急性子的，还可以用开水浇出烫面面团，不用等饧发就能火速烙出烫面饼子。最棒的是，揉面才是美食奇迹的第一步，随后，这团面是做饼做面包还是做饺子皮儿，任由你决定，面食大幕由你拉开。

越来越多的人从魔法般的揉面过程中得到了简单的快乐。充当魔法原材料的面粉种类也越来越繁多。在我的厨房壁橱里常备有产自各国各地，用法用途各不相同的面粉。这其中就有"布列塔尼黑麦粉"、"高筋面粉"、"低筋面粉"、"纯黑麦粉"、"鹰嘴豆粉"、"带麸全麦粉"、"栗子粉"和"斯拜尔特小麦粉"。有这些面粉在，心里就特别踏实，因为没有什么比面食既暖肠胃又暖心窝的了。听着音乐揉上一团面，做馒头做饼或是做面包，魔法的包袱可以依彼时情境抖出来。

揉面团做面食当然不只因为可以减压。《内经》中提到"五谷为养"，其实说的就是谷物对身体的滋养功能。《三国演义》里，诸葛亮被刘玄德请出来，打的第一仗在河南南阳的博望坡，大败曹兵之余，也成就了有名的"博望锅盔"。别小看这锅盔，做好了能存放个把月。行军打仗累了，想家胃里空了，把锅盔掰成小块放嘴里，那还真是越嚼越香。十多年前我去洛阳玩，最喜欢的就是在香浓的牛肉汤、羊肉汤或是杂碎汤里放上掰好的锅盔，随吃随添汤，我喜欢辣的，还总是让店家多放辣。这个吃法干稀搭配，养生还美味。

河南的锅盔，到了陕西就叫馍，到了山西，就成了"帽盒"。

帽盒的名字听着有趣，做起来也别开生面。快开的热水和面，饧上半个小时，然后揪成小剂子，擀平卷起再按扁，放点花椒盐儿调味，烙成中间稍有凹陷的倒扣帽子状就好了。山西人喜欢用帽盒就羊汤吃，这也是有干有稀的一顿饭。

同是面团的产物，在新疆苏贝西墓地发现的一根距今 2400 年的小米面条，入选了 2011 年美国《考古家》杂志年度十大考古发现。这是继 2002 年在青海喇家遗址发现距今 4000 年左右的人类最早面条之后的又一重大发现。因为青海喇家遗址是中国唯一的灾难遗址，我不禁想到了同是考古灾难遗址的庞贝废墟。公元前 79 年的维苏威火山爆发，城中的所有面包店在一瞬间被岩浆淹没，只留下灾难发生几分钟前刚刚烤好的面包。这一幕又让我联想到与"面包"有关的"团体（company）"一词，它的拉丁语名字是 cum panis，字面的意思就是"和面包在一起"。

时间再往前推，两河流域一处公元 1 万 1 千年前的遗址内出土了迄今最有趣的食物考古发现：在一张有独特香辛味道的饼子上，不同的籽粒和种子都单独分块排列着——这样吃的人就可以清楚地知道自己每一口都吃了什么种子。那时候的人们已经知道将这些籽粒，特别是野生小麦和黑麦放在石磨上制成面粉，以备做成面团或面包。

也是一团面，在勾勒了人类历史最初的食物图像后，又因制作之初所用面粉种类不同，开始划分东西欧洲不同宗教信仰的疆界。公元 4、5 世纪间，以莱茵河为界，河以西广种小麦，河东则多种植黑麦。这两种农作物因地而异的种植并非受了生态条件的制约，

而是与神的象征和宗教信仰有关。在种植黑麦的东欧，人们敬畏农作物的保佑神杰瑞拉，他总是身披白色披风，头戴花环，并手持一束黑麦。而在信仰上帝和耶稣的西欧，用小麦焙烤而成的面包就是耶稣的象征。

克劳德·列维—斯特劳斯（Claude Lévi-Strauss）曾说过，食物有助于思考。考古学家道格拉斯则认为，食物有助于交流。思考也好，交流也罢，小小面团穿越万年，是东西食物史上重要的一篇。从最初满足人类对食物的渴求和分享，到成为传承千年宗教信仰的象征，继而作为一种文化和艺术的产物和一种意识形态的传递，继续散播着信息。这样磅礴的述说和再造，使每个开始揉面的个体——我们本身，都成为了食物历史的参与者和传承者。小小面团相当不简单呢！

 美食小百科

《最后的晚餐》与面包
一招教会你用面包为名画断代

　　著名的艺术史学家巴克森德尔（Michael Baxandall）曾说过："社会史和艺术史是延续的，它们互为对方提供必要的洞察力"。面包——这个我们日常离不开的食物，其实可以作为我们赏析名画时的"断代"参照物。

　　西方艺术史上最常见的绘画题材就是《最后的晚餐》。达·芬奇（Léonardo da Vinci），提香（Tiziano Vecellio），丁多列多（Jacopo Tintoretto）和众多中世纪及文艺复兴时期的绘画巨匠都绘制有不同版本的"晚餐"。然而，仔细看看这些画，你会发现圣餐中的主角——面包，却有两种不同形态：一种是发酵后烤出的面包，另一种是不发酵做出的"扁面包"——皮塔饼或者烘饼。这是为什么呢？

　　《对观福音》中认为，最后的晚餐发生在逾越节的第一天。逾越节是犹太人纪念逃离埃及，前往应许之地的日子。因为离开匆忙，所以等不及面包发酵。因此逾越节又被称作"无酵节"，节日期间不能

188

食用发酵食物。所以最后的晚餐中,是不应该有发酵过的面包的。而《约翰福音》却认为最后的晚餐其实是发生在逾越节的前一晚,因此餐桌上的面包就是发酵面包。这样的争论和歧义全部体现在流传下来的《最后的晚餐》画作中。

从中世纪到 15 世纪末,所有《最后的晚餐》画作中的面团都是不发酵的。而从 15 世纪中后期开始,越来越多的发酵面包出现在《最后的晚餐》餐桌上,到了 16 世纪,发酵面包就是主流了。Joos van Cleve 的《最后的晚餐》中,桌上发酵过的面包就是其中的代表。

《面包师》（约 1681 年）
约布·伯克海德（Job Berckheyde）
（1630 - 1693）
（美国伍斯特市艺术博物馆,伍斯特,马萨诸塞州）

17 世纪荷兰共和国,新教卡尔文派的教义提倡艺术的生活化和人文化。所以这幅画中,面包不再是宗教符号,而是人们日常生活的一部分。几百年前的面包和我们今天熟悉的品种几乎一模一样,每一样看起来都香气四溢。面包师傅自豪地吹起号角,像是在说"现烤现卖的面包,快来吧!"

馍

Chinese Pita Bread

准备时间：10 分钟 发酵时间：20~30 分钟 制作时间：20 分钟

——— 原料 ———

· 普通面粉 500 克；
· 盐一小撮；

· 酵母粉 1 袋（5 克）。

——— 做法 ———

[1]

用一杯温水化开酵母，待全化开融化后倒入面粉中；

[2]

开始和面，大约揉面 6~7 分钟左右。直到"三光"（衡量面团是否和好的窍门叫"三光"，即：面盆内侧光滑，手上光滑，面团光滑）；

[3]

因为这个馍是半发面的，所以不要饧发时间过长，大约 20~30 分钟就好；

[4]

揪成婴儿拳头大的面团，略揉，擀成宽度为 4~5 米的长条。从下往上将长条卷成一个卷，把卷按平后，再一次擀成长条状。再一次从下往上卷成一个卷。把卷立起来（有一圈圈卷层的一面向上），向下按成圆饼状，再略擀成厚度为 0.8 厘米左右的圆饼。放入电饼铛里烙熟即可。

[5]

这种方法做的馍最适合吃"肉夹馍"。馍做好后，中间横切一刀，塞入卤好的肉，再根据个人口味，夹上些香菜和尖椒即可。此馍不同于羊肉泡馍中用到的"馍"。

墨西哥薄饼

Easy Mexican Tortille

准备时间: 5 分钟 制作时间: 20 分钟

墨西哥街头随处可见薄饼摊,现烙现卖。薄饼既是主食,又可用来卷肉、牛油果并佐以各种蘸酱。手里拿着,边走边吃,一点不耽误在派对中穿梭。

——— 原料 ———

· 普通面粉 500 克;

· 盐一小撮;

· 开水 500 毫升。

· 黄油 50 克(冷藏黄油,切成 1 厘米见方小块)。

——— 做法 ———

[1]

面粉过筛,放入切成小块的黄油,用手混合黄油和面粉,搓成饼干屑状;

[2]

加入滚开热水,趁热揉成面团(一开始可以用筷子搅拌,因为温度太高,小心烫伤);

[3]

不用等饧发,分成 15 个剂子,擀成 3 毫米左右厚的圆饼;

[4]

平底锅加热后,放入饼子,每面烙 1 分钟即可。

* 图中的墨西哥薄饼在制作过程中加入了罂粟籽。

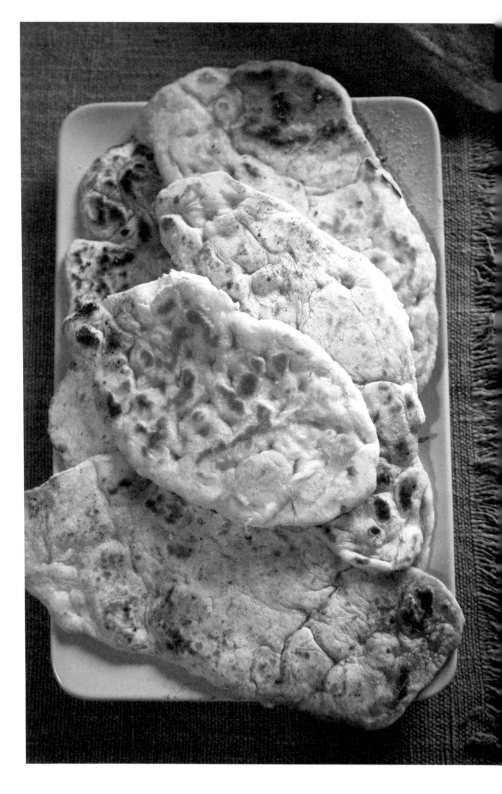

印度馕

Indian Naan Bread

准备时间: 10 分钟 发酵时间: 两次 / 每次 30~40 分钟 制作时间: 30 分钟

* 印度馕的做法多种多样，这个做法来自我的一位来自于印度北部的好友。这种馕松软，入口轻如云朵，特别适合配各种荤素咖喱，随吃随掰成小块，蘸汤汁吃。

——— **原料** ———

· 普通面粉 500 克；
· 盐一小撮；
· 酵母粉 1 袋（5 克）；

· 酸奶 3 大勺；
· 橄榄油 1 勺半；
· 温水一杯。

——— **做法** ———

[1]
用温水化开酵母，倒入一半面粉（250克）中，发酵 30~40 分钟；

[2]
在发酵好的面团中加入酸奶、橄榄油、盐和剩下的 250 克面粉，继续发酵 30~40 分钟，或直到面团膨胀至原来的两倍；

[3]
将面团分成高尔夫球状大小的剂子；

[4]
轻轻用擀面杖将剂子擀平，然后用手慢慢展开，边展边整理出椭圆形状；

[5]
平底锅加热，将饼坯放入，一面焦黄后翻面，1 分半钟后出锅即可。

乍暖还寒，
围坐享用"一锅烩"

砂锅白肉 / 罐焖牛肉

Twice Cooked Pork with Pickcled Cabbage in Chinese Clay Pot

/

Beef Bourguignon with Mixed Vegetables

我用酸面肥发酵，自己烤的黑麦面包

　　窗外，刺骨寒风裹挟着大如席的雪片，这时烹煮着海陆空各色珍味食材的一口大锅，冒着热气带着"咕噜噜"的声响被端上桌来，亲朋好友在徐徐上升的热气中围坐一团。配上暄腾的大馒头，或者刚出炉的粗麦面包，开瓶好酒，灯光调暗蜡烛点亮，这简单又别致的美食就是驱散寒意的有魔力的"一锅烩"。没有什么是比它更简便更易上手，又能博来声声赞扬的家常美味了。最棒的是，饭后还能省下大段的刷碗洗盆的时间，正好可以接着聊天娱乐。用一口锅做的一道菜，就能上得台面，这还不够神奇么？

　　最早用来制作中式烹调里"一锅烩"的器具就该是鼎了。"调鼎"说的就是如何让一口锅里的各种材料味道和而不同，这其中带有浓郁的中国哲学色彩和宽容性。《诗经》里这么写"调和"："亦有和羹，既戒既平"。这说的就是异中求和，把各种食材加以增减搭配，使一口锅里烩出的菜肴合口又风味独特。

帝王调鼎一锅烩，民间也喜好用一口锅来合烹美味。中国的饮食文化里，跟"锅"有关的描述总能让人即刻感到温暖。陆游《宿野人家》诗曰："土釜暖汤先濯足，豆秸吹火旋烘衣"。旺火上架着一口锅，袅袅上升的烟气和香味，还有咕咕作响的汤头，都牵动着食者易感的味蕾和嗅觉。

美食作家克劳蒂亚·罗登（Claudia Roden）说过："食物像音乐般，可以直抵食者的心房"。我觉得自家餐桌上的一锅烩就是一曲美妙的食材合奏。要想做好一道可口又有营养，还独具风味的一锅烩，不妨联想一下：如同韵律（rhyme），音节（recurrent）和曲调（tunes）对一段乐曲起到的关键作用一样，要想做出一锅迷人的菜肴，也可以从风格（rhyme/style），用料（recurrent/ingredients）和调味（tunes/seasoning）这三个方面着手。

先说风格（rhyme/style）。

中外都有一锅烩。用来做菜的烧制工具也都异曲同工：中式砂锅、西式铸铁锅、法式铜锅、慢炖锅、深膛儿的烤盘，中东北非的塔吉锅。这些当初为地方特色美食服务而设计出的各式锅具，也随着饮食文化的交融和互补，搭配组合出现在世界各地的厨房里。

各国锅具在设计和工艺上略有不同，做出的一锅烩也就各有特色。比如有近三百年历史的北京老字号"砂锅居"，用的就是传统中式砂锅。在其创店之初所用的是一口"直径四尺，深三尺，一次

能煮一头整猪的特大砂锅"。当时"砂锅居"地处北京西四缸瓦市，顾名思义，那里专卖各式大缸、瓦罐和盆。这样超大的砂锅，肯定是近水楼台得到的宝器。现在砂锅居里大砂锅改小砂锅，店里名菜"砂锅白肉"只用白水煮肉，肉六成熟后拿出晾凉切薄片。煮肉汤至复滚后，将肉汤倒入码好粉条、酸菜、海米、口蘑和白肉的砂锅里煮开即可。吃时一定要蘸京味儿小料。

再如西餐里的各种家常派（pie）其实也可以算是"一锅烩"。切成小块的海鲜、肉类、香肠和时蔬，埋在调好味的奶油浓汁里，上面盖张千层酥皮，在烤箱里镀成金色就好了。Pie 在西方还有浓烈的宗教色彩。法国的家常菜红酒鸡（coq au vin）和红酒牛肉（bœuf bourguignon）；印度、泰国这些喜食辛辣的国度，也有各种一锅烩出的红绿黄色咖喱菜；中东和北非的塔吉锅菜，就是小米、羊肉、茄子和红椒加上当地"十三香"（ras el hanout）小火慢炖出的菜，吃时可以同饮加了蔗糖的薄荷茶。

一锅烩的图谱上，自然也不能少了西班牙的海鲜饭（paella），还有海鲜饭的近亲——加勒比群岛人民挚爱的什锦饭（jambalaya），匈牙利国菜古拉什（goulash），这些都是一锅烩出的热闹大餐。中西一锅烩的风格任君选定，接下来就是相应的用料和调味了。

再说用料（the recurrent/ingredients）。

原先宫廷贵族朝皇奉神的什锦一锅烩，尽选山珍海味，流传到民间便简化很多。我想各国民间食用一锅烩的起源肯定有两种：一是将家里剩下的边角料和厨柜里常备的食材烩在一起，略加调味，使粗砺剩料变成合口美食；二是为庆贺年节、喜庆的事儿，将平日不常见的珍贵食材都放在一起烧制，以示隆重。比如苏州地方过年，就有什锦"暖锅"，桌子中间放一口铜锡大锅，往锅里放入自己喜欢吃的食材：虾仁、海参、火腿、猪肚、煎熟的蛋饺儿这些荤料，配上笋、香菇、粉丝和白菜这些冬日常见的素菜，冒着热气就是一锅"合家欢"。这样的什锦锅在南方北方都有，搭配上各地的应季时蔬和手边荤杂，丰俭由人。

西式一锅烩的用料，也强调一些传统的荤素搭配。比如蘑菇配鸡肉，苹果土豆配猪肉，胡萝卜芹菜配牛肉。在素菜选料上，更常用蘑菇、胡萝卜或者块根类蔬菜（比如芜菁、土豆、南瓜）等等。

最后说调味（the tunes/seasoning）。

用一口锅，放入荤菜素菜一起烧制，调味做好了，再普通的食材也会沾上仙气儿。家常说法里的"趋锅儿"，就是调味的第一步，是给一锅美味定了底调。中式油锅中煸炒姜葱、姜蒜、豆豉、辣椒是趋锅调味的常见做法。西餐趋锅的方式也多，比如西班牙慢炖菜肴里必不可少的 sofrito 趋锅，就用橄榄油慢炒洋葱大蒜西红柿；意大利人做 sofrito 的时候，还喜欢放点切得比火柴头略大些的芹菜丁和胡萝卜丁来调味。愿意的话，再加上些切碎的火腿片和小块熏肉一起下锅起味；剁碎的姜末和咖喱粉搅成稠些的咖喱膏放入油锅，就是做印度口味咖喱的趋锅。

趋好锅，放入主料，就可以开始第二次调味了，即放入熬煮食材的各种液体。依据一锅烩的不同风格，可以加入奶油汁，牛骨鸡肉高汤，蔬菜清汤或者勃艮第波尔多红酒，白葡萄酒，甚至少许白兰地来调味烩制。

家中一锅烩，从菜谱到锅具都是一代代传下来的。我小时候，家人常做西餐"罐焖牛肉"这道菜。这个我家长辈留洋后学来的菜谱，美味自不必说，更有趣的是与之相关的一段佳话。话说在物质匮乏的年代，北京城里遍寻不着关键香料之一的香叶，我爸于是灵机一动，往汤锅里挤了些留兰香型的中华牙膏。别说，这味道还真是神妙之极。

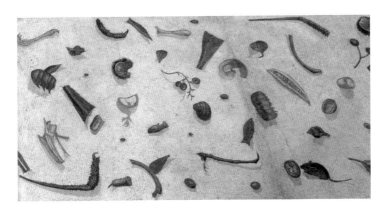

　　这个马赛克拼图地面，创作于公元 2 世纪时的古罗马。用马赛克拼出的各种吃剩下的食物和边角料栩栩如生：龙虾皮、栗子外壳、兔子骨架、鸟骨头、芜菁的头、蜗牛、芥末籽的荚、葡萄和各种叶子，一个打开的核桃旁，跑来一只放心大胆地前来觅食的老鼠。这个被称作"古罗马食物残羹图"的著名马赛克地面，现存梵蒂冈博物馆，是历史学家和美食爱好者了解古罗马人饮食习惯的一个重要史迹。

❖美食小百科❖

古罗马时的一锅烩

　　干豆子、韭葱、香菜、一只小鸡、调好的酒水混合物足够淹过鸡身、1 茶勺盐、一小块熏猪肉、欧当归、香芹籽、胡椒、小牛头（提前放在醋水里焯熟）、用肉肠做的肉丸子——这就是古罗马时期的一锅烩。

罐焖牛肉

Beef Bourguignon with Mixed Vegetables

准备时间：30 分钟　制作时间：1 小时 30 分钟

吃罐焖牛肉时，喜欢酸口儿的，可以再加些白醋调味。吃的时候，加上一勺酸奶油，味道就更厚重了。

原料

· 牛肉（嫩些的牛腩肉）1000 克，切 3 厘米见方大块；
· 圆白菜半个，手撕成大片；
· 土豆 4 个，切滚刀块；
· 红椒 1 个，切片；
· 芹菜两三根，切寸段；
· 大个西红柿 2 个，切滚刀块；

· 香叶 4~5 片（撕碎些备用）；
· 洋葱 1 个，切碎；
· 黄油 50 克；
· 特稠西红柿酱 6 大勺；
· 胡椒和盐少许。

做法

[1]
可先用高压锅把牛肉煮好，待用；

[2]
土豆和胡萝卜煮到 6 成熟，备用；

[3]
铸铁锅里放入黄油，开始慢炒洋葱和香叶，洋葱变透明后加入西红柿酱，转小火炒西红柿酱，大约 7、8 分钟。再加入切好的大块西红柿，炒至西红柿变软；放入芹菜、红椒和圆白菜，略翻炒；

[4]
加入高压锅内炖牛肉的汤，煮开后，放入 6 成熟的土豆和胡萝卜，放入煮好的牛肉，盖上盖，小火煮 30 分钟；

[5]
30 分钟后加盐和胡椒调味，略煮，关火。

砂锅白肉

Twice Cooked Pork with Pickeled Cabbage in Chinese Clay Pot

准备时间：20 分钟 制作时间：30 分钟

吃的时候，一定要蘸料碟。老北京吃砂锅白肉，还一定要来上几个现烤的芝麻烧饼就着。再多备些肉汤和酸菜。边吃，还可以不断往砂锅里续汤，添酸菜。

—— 原料 ——

- 猪后臀肉一块（500~800 克），切成拳头大小的块；
- 切成细丝的酸菜 500 克（随吃还可以随时往锅里添）；
- 姜丝，葱段各少许；
- 盐少许；

- 泡发好的一把粉丝（宽粉丝细粉丝都可以，砂锅居老店用的是略宽的粉丝）；
- 泡发好的香菇 3~4 朵，切条状；
- 泡发海米一把（大约十来个）。

蘸料碟

- 韭菜花；
- 酱豆腐汤（王致和大块腐乳里的酱汤就好）；

- 辣椒油；
- 少许盐；
- 生抽。

—— 做法 ——

[1]
锅中放一升多水，水烧开后放肉块下锅煮。水再开后煮 20 分钟左右(关火时肉不要完全熟，大概 6~7 成就好）。肉捞出，晾凉后切薄片；

[2]
煮肉汤撇沫后备用；

[3]
取一口砂锅，最下面放酸菜丝，然后码上粉丝，再将切好片的白肉一片片码在粉丝上，放海米、香菇和葱段姜丝。

[4]
加入煮肉的汤，开锅后再煮上几分钟就好了。

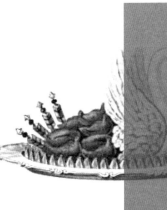

分享美食
也分享故事

开春献岁，
家传春节"待客菜"四款

炸素咯吱盒 / 炸螃蟹盖儿 / 酱瓜姜丝肉 / 什香菜

Deep Fried Open Vegetable Parcels / Deep Fried "Crab Back" /
Soy Sauce Pickled Baby Cucumber Fried with Ginger and Pork Loin /
Cooked Mixed Vegetable Salad

　　过春节时，最能体现节日团聚气氛的就是各家的餐桌了。家家都老早就开始琢磨吃什么，怎么吃了。刚入腊月，一家老少就开始齐手准备自家的年夜饭菜单，然后紧锣密鼓地备上年货。年夜饭既要色香味美，又要讨彩，还得有节日气氛，这是一年里最让人期盼的宴席。

　　过年是个大事，年夜饭的华彩之外，正月里的待客餐桌也该同样精心准备。从初一到元宵节，每天都有亲朋好友络绎不绝来拜年问候。收拾得窗明几净的家里，条案上有插好的桃花，桌子上也摆好各样干果鲜果和点心，拜年的亲友来了，聊得酣畅之际已近饭点，此时主人便起坐将提前准备好的味美清淡的待客小菜一一摆在餐桌上，宾主从客厅挪到饭桌前，推杯换盏，继续开怀畅谈，这才尽兴，才有过年的味道。这些提前备好的待客菜，每个都有特色，口味各不相同。想想过年过节，家家大鱼大肉，山珍海味，肠胃里满是膏腴肥美的食物，此时几样清淡适口的家常小菜就更能显出主人的悉心周到。

　　我们家是老北京，特别讲老礼儿。过年时对上门来拜年的亲友，只要是交情够的，就一定要留客人一起吃饭，绝不能让客人空着肚子走。酒壶里有烫好的黄酒和白酒，再备上几道平日难见的家常酒菜招待客人，暖和暖和肠胃。酒过三巡，宾客尽欢了，还得再煮上几盘素饺子让客人尝尝。我从小就看家里长辈们在节前热火朝天地准备待客小菜，一样样香气四溢的小菜从厨房手递手端出来后放在院子里的石头桌上，等菜做好了端齐了，就在石桌上再倒扣上个大盆。那会儿还没有几家有冰箱，腊月里北京天寒地冻，呵气成霜，室外就是现成儿的天然大冰箱，那些个酥鱼、素鸭、酱牛肉、酱肘子、酱肚儿、素什锦、什香菜、姜丝肉、芥末堆儿，还有我妈自己炸的素咯吱盒儿和螃蟹盖儿，蒸的豆包儿和大馒头就妥妥地在天然冰箱里保存着。这一样样口味独特的春节待客菜必会在大年三十下午前准备好。院子里簌簌落下的鹅毛大雪和辞岁的爆竹纸屑无声地落在倒扣着的大盆上，盆里面，一道道美味已经均匀地冻上一层冰碴，在悄然恭候着大年初一开始纷至沓来的拜年的亲友，想想都让人觉得喜兴和富足。

　　春节时提前准备好几样待客菜，主人就可以轻松尽兴地和前来拜年的亲朋好友叙旧谈天。到了饭点，像是变魔术般从厨房里端出一道道别处吃不到的特色小菜，再开上几瓶好酒，宾主一起品尝节日里团聚的美味，实在是乐事一桩。今年开春献岁，大家不妨也试着做上几样待客小菜。谁说只有龙虾牛扒方显地主之谊，自家的待客小菜更显调羹之趣和待客有道，也更是给节后负担过重的肠胃雪中送炭之举。所以只要烹割有道，搭配合理，春节的待客菜就是您家获得众口称赞的招牌传家菜。

炸素咯吱盒

Deep Fried Open Vegetable Parcels

准备时间: 30 分钟 制作时间: 30 分钟

这是我妈跟我姥姥学来的过年待客菜之一。姥姥一生茹素,所以做得一手美味素菜。话说大年初一时,诸神下凡考量人间善恶,此时食素,必定让神仙认为是不杀生的持善人家,这样神仙上天禀告后,方能得到庇佑。这个素咯吱盒炸好后可以保存半个月有余,夹在刚蒸得的馒头里一起吃,也特别醇香可口。

—— 原料 ——

· 春卷皮 60 张(可以做 60 个素咯吱盒);
· 大个胡萝卜 3 根,去皮擦成细丝,攥水备用;
· 香菜一大把(约为胡萝卜用量的三分之一)切末备用;
· 胡椒粉,香油,盐各少许;

· 剪碎的春卷皮若干(同样用春卷皮做的炸螃蟹盖儿,因为要剪成圆形,所以剪下的边角春卷皮可以放在素咯吱盒的馅里面);
· 面糊一小碗:1 份淀粉 2 份水调成面糊,为粘合咯吱盒边缘用。

—— 做法 ——

[1]

擦好的胡萝卜丝拌上香菜末、剪碎的春卷皮,再拌入香油、胡椒粉和盐,做成素咯吱盒的馅;

[2]

取两张春卷皮,分别在春卷皮的一面涂上面糊;

[3]

在春卷皮涂上面糊的一面放上一大勺素馅,再盖上另一张涂上面糊的春卷皮。把四边按严实;

[4]

重复第 2、3 步,直到包完所有素咯吱盒;

[5]

油锅里放入小半锅菜籽油,油温不要过高;

[6]

把包好的素咯吱一切为二,下油锅炸至两面金黄色捞出。炸制过程中只翻一次面,以防素馅露出。

炸螃蟹盖儿

Deep Fried "Crab Back"

准备时间: 30 分钟 制作时间: 45 分钟

这炸螃蟹盖儿也是炸咯吱的一种。名字起得相当形象，因为炸好后，肉馅陷入圆形春卷皮中，特别像螃蟹的团脐，讨彩有趣。吃的时候可以用热油快速地余一下加热。炸好的螃蟹盖可以保存半个月左右。

—— 原料 ——

· 春卷皮 60 张（可以做 30 个螃蟹盖儿）；
· 400 克猪肉馅，用姜末、香油、生抽、少许胡椒粉搅拌好备用；
· 韭菜 200 克切半厘米长小段备用；
· 面糊一小碗：1 份淀粉 2 份水调成面糊，为粘合螃蟹盖儿边缘用。

—— 做法 ——

[1]
猪肉馅里拌入切好的韭菜，搅好后加入香油和少许盐调味，做成螃蟹盖儿的馅；

[2]
把所有春卷皮剪成圆形；

[3]
取一片春卷皮，放入少许肉馅，在春卷皮边缘均匀地涂上一层面糊；取另外一片春卷皮盖上，捏合四边，不用捏得特别严实，以令热油穿过；

[4]
重复第 3 步，直到包完所有螃蟹盖儿；

[5]
下油锅炸至两面金黄色捞出。炸制过程中只翻一次面即可。

酱瓜姜丝肉

Soy Sauce Pickled Baby Cucumber Fried with Ginger and Pork Loin

准备时间: 15 分钟 制作时间: 15 分钟

这道菜热吃冷吃均可，冷吃时是佐粥佳品。

—— 原料 ——

· 猪里脊肉一条，500 克左右；
· 酱瓜 1 个（圆形酱瓜，非酱黄瓜）；
· 姜一大块，去皮切极细的丝；

· 煮熟去皮的花生米一把；
· 白砂糖和香油各少许。

—— 做法 ——

[1]
猪里脊切细丝，泡在冷水里 2~3 小时后取出，用料酒和少许盐码味备用；

[2]
酱瓜切丝；

[3]
油锅里放少许油，将里脊丝炒熟后取出；

[4]
锅中底油略炒酱瓜丝，然后将炒熟的里脊丝放入一起翻炒；

[5]
放入白砂糖和香油调味，最后放入姜丝，姜丝变软后收汁盛出即可。

什香菜

Cooked Mixed Vegetable Salad

准备时间: 45 分钟 制作时间: 15 分钟

什香菜，顾名思义就是十种菜（或更多）的炒合菜。这十样菜都是素菜，每家的十样菜大致相同，这些素菜炒熟后各有各味，合在一起吃更是妙不可言。印象里小时候过年时吃的什香菜，因为是放在零度以下的室外保存，有时吃起来，还会咬到冰碴，更是透着鲜灵。

—— 原料 ——

· 菠菜一把；
· 胡萝卜 2 根，切细丝；
· 黄花，木耳和香菇各一把，提前一天用冷水泡发。木耳和香菇切细丝，黄花菜择去硬尖；
· 黄豆芽一大把；

· 豆腐干 300 克切丝；
· 冬笋两大块切丝；
· 腌芥菜（水疙瘩丝）一小个，切细丝，用水略泡去咸味；
· 花生米一把，煮熟，去皮；
· 香油，盐，白砂糖各少许。

—— 做法 ——

[1]

将除了花生米之外的 9 种素菜分别炒熟，炒制时用香油、盐和白砂糖调味；

[2]

把炒熟的菜拌在一起，再加入少许的香油、盐和白砂糖；

[3]

最后放入花生米。

自制杯子蛋糕，
"吃独食"也美味

香草栗子杯子蛋糕配马斯卡彭橙香糖霜

Vanilla Chestnut Cupcake with Orange Mascarpone Frosting

美式杯子蛋糕入驻 Kenzo 的 Pop up 商店，这曾是巴黎时尚界的一大冷门。Kenzo 设在巴黎春天的 Pop up 商店，内装从大卫·林奇（David Lynch）的电影中得到灵感：黑白条纹的墙纸从地面一直铺到四面墙上，半空悬挂的硕大的镜子里折射出更多个黑白空间。在这个充满张力的超现实场景中，欣赏 Kenzo 新一季色彩鲜艳、设计张扬的服饰，真是个让人耳目一新的购物体验。Pop up 商店一隅开辟了一个专门出售美式杯子蛋糕的柜台，除了各款经典杯子蛋糕之外，还有为 Kenzo 特别设计的一款口味：用巧克力红丝绒蛋糕作底，上面点缀着淡蓝色的糖霜。这款与大卫·林奇电影同名的"蓝丝绒"蛋糕，也正暗合 Kenzo 当季设计风格。

　　Pop up 杯子蛋糕店主是长居巴黎的纽约客凯瑟琳（Cat），最初她只是应朋友邀约，为私人聚会做上几款经典的美式杯子蛋糕。后来慕名而来订蛋糕的顾客越来越多，就顺势在巴黎时髦的 SoPi（South Pigalle）区开了家杯子蛋糕店，店里的 70 多款口味，经典和创新各占一半。在巴黎居住的这些年，使她的美式杯子蛋糕多了几分巴黎本地的美食特色，比如在原料中加入玫瑰水、栗子碎和巧克力榛子酱。这些巴黎人喜爱的原料在保证杯子蛋糕的正宗之外，又多了几分俏皮，而且口感上更独特。一入秋就会推出的香蕉榛子巧克力口味，就是美国的香蕉蛋糕和法国人最钟情的巧克力榛子酱的完美组合。

可是，杯子蛋糕毕竟是自己在家就可以烘焙出来的最大众化的甜点，它怎么会成为巴黎的新宠呢？巴黎的甜点，那可是世界甜点中的明珠啊！La Pâtisserie des Rêves 的榛子巴黎布莱斯特（Paris-Brest）；l'éclair de génie 那些比调色盘里的色彩还鲜活的美味闪电点心（éclair）；还有 Sebastien 的经典法式柠檬派、Stohrer 的朗姆巴巴，还有新晋马卡龙名店 Acide 的新口味马卡龙……再加上巴黎城中每条街拐角处的甜点店——每一家都像查理巧克力工厂，柜台上下摆的每一样甜点都是艺术品。

可对于追求新奇的巴黎潮人们来说，这些甜点太"显而易见"了，太容易找到了。与之相比，杯子蛋糕显得那么不起眼，而且当你想买的时候，并不能迅速发现专卖杯子蛋糕的去处。可能要拿着朋友给的手写地址，又或许依据刊登在地铁免费报纸的美食快讯一栏上的讯息，按图索骥般在巴黎纵横的街巷中寻找一家卖杯子蛋糕的甜点店。也许正是这种隐蔽和找寻让喜爱追求新奇的巴黎人爱上了杯子蛋糕。

杯子蛋糕进入巴黎人的视线也就是近几年的事，托电视剧《欲望都市》（Sex and the City）的福，片中凯莉一边对米兰达说："我一见钟情了"，一边三口两口吞下一个硕大的粉色糖霜装饰的杯子蛋糕，粉色和爱情之间微妙的联系让人瞬间就对杯子蛋糕产生了激情。就像巴黎和纽约这两座城市，历史上一直就像两个相恋的情人（想想巴黎和伦敦，它们则像是一对拌嘴多年的老夫妇，爱恨交加，彼此挑剌却不愿分手），所以带着来自纽约标签的杯子蛋糕，使巴黎人无法抗拒。如今巴黎朋友间聚会，最时髦的举动就是带上一盒口味多样、五颜六色的杯子蛋糕赴约。在美食房车、贝果和汉堡裹挟而来的美式饮食之风在巴黎迅速流行开来后，杯子蛋糕正在为不

断求新的巴黎人提供新的口味选择。巴黎人亲切地管杯子蛋糕叫"le cupcake"，对他们来说，杯子蛋糕似乎就是现代版的法国玛德琳（madeleine），它代表着一种更直接坦白、随性帅气的美食态度。

与献给一款款经典法式甜点的赞美词相比，我们似乎只能用"简单"、"亲切"和"实在"来形容杯子蛋糕。生活在 19 世纪的美国，教授女子礼仪的莱斯利（Eliza Leslie）夫人做出了第一款杯子蛋糕，因为"那些欧洲甜食食谱繁琐又费力，以至于很多厨娘心生畏难情绪……"，所以她想出了用杯子作为称量工具的简单蛋糕食谱（这也许就是杯子蛋糕名字的来历）。的确没有什么比杯子蛋糕更容易制作的甜点了，等量的面粉、糖和黄油，加入鸡蛋和少许苏打粉，略为搅拌就可以进烤箱烘焙，然后再根据自己的口味做装饰杯子蛋糕的糖霜。它既可以是每天顺手拈来的点心，也可以为孩子们的生日聚会、学校的慈善募捐义卖而准备，放学后吃上一个，解馋又管饱——杯子蛋糕就是这么踏踏实实地出现在我们日常生活中。

与杯子蛋糕同样制作简单、可以独享的"一人份"蛋糕还有法国的玛德琳蛋糕和澳洲的杏仁蛋糕（friand）。这些一人份的小蛋糕是专属一个人的美味，而且吃起来也不用那么郑重其事，可以边走边吃，也可以看书看报时，边抿一口咖啡边咬上一口蛋糕。我们的祖先们也没有放弃过独享"一人份"美食的机会：史前安纳托利亚半岛上的小米蛋糕，不管是配料还是做法，都与今天的杯子蛋糕相近；公元一千多年前埃及法老兰赛三世（Rameses III）的墓穴画"王室面包房"中，墙上挂着的众多模子中就有后来玛德琳蛋糕的雏形。还有法国修道院的修女们发明的维扎松蛋糕（visitandines），多年之后，"达达之母"葛尔楚德·斯坦和女友阿莉丝·托克拉斯的巴黎家中就常备这款点心，专门用来招待远道而来"朝圣"的艺术家们。

杯子蛋糕这样的一人份简易蛋糕可能更符合卢梭(Jean- Jacques Rousseau)的言论："一切超出生理需要的都是罪恶之源"。言外之意，即使人类天生有偏爱甜食的取向，那也要适可而止。我想是时候回味一下卢梭的教诲了。

可以找到美味一人份蛋糕的巴黎甜点店很多，以下是我最喜欢的几处：

1.La Pâtisserie des Rêves, 93 Rue du Bac, 75007 Paris;

2.L'éclair de Génie, 14 Rue Pavée, 75004 Paris;

3.Des Gâteaux et du Pain, 89 rue du Bac, 75007 Paris;

4.Acide Macaron, Restaurant à desserts,24 Rue des Moines, 75017 Paris.

香草栗子杯子蛋糕
配马斯卡彭橙香糖霜

Vanilla Chestnut Cupcake with Orange Mascarpone Frosting

准备时间：15分钟　烘焙时间：20~25分钟

——— 原料 ———

可制作 18 个标准杯子蛋糕，或 12 个标准杯子蛋糕 +12 个迷你杯子蛋糕。

香草栗子蛋糕 ┄┄┄┄┄┄┄┄┄┄┄┄┄┄┄┄┄┄┄┄┄┄┄┄┄┄┄┄┄┄┄┄

- ·225 克无盐黄油，软化备用；
- ·180 克细砂糖；
- ·225 克发面粉（或是蛋糕粉）；
- ·20 个煮熟的栗子，掰碎；

- ·1 茶勺小苏打；
- ·4 个鸡蛋；
- ·1 茶勺香草精华。

马斯卡彭橙香糖霜 ┄┄┄┄┄┄┄┄┄┄┄┄┄┄┄┄┄┄┄┄┄┄┄┄┄┄┄

- ·225 克马斯卡彭奶酪；
- ·4 汤勺橙子果酱；
- ·100 克糖粉；

- ·60 毫升打发用鲜奶油；
- ·1 个橙子的皮擦成细丝做装饰。

——— 做法 ———

香草栗子蛋糕 ┄┄┄┄┄┄┄┄┄┄┄┄┄┄┄┄┄┄┄┄┄┄┄┄┄┄┄┄┄┄┄┄

[1]

烤箱预热 175℃，准备好杯子蛋糕模；

[2]

将除栗子之外的所有材料放在搅拌器中搅拌均匀，大概 2~3 分钟（不要搅拌过度）。然后加入栗子碎；

[3]

将蛋糕液均匀地倒入模子里，不要放太满，大概到模子的三分之二处就可以了；放入烤箱烤制，20 分钟后取出；

[4]

将模子从烤箱取出后，静置两分钟将杯子蛋糕从模子里取出，放在铁架子上晾凉备用。

马斯卡彭橙香糖霜 ┄┄┄┄┄┄┄┄┄┄┄┄┄┄┄┄┄┄┄┄┄┄┄┄┄┄┄

[1]

将马斯卡彭奶酪、橙子果酱和糖粉放在一起搅拌，然后放入鲜奶油一起搅打，直到浓稠到可以做糖霜用；

[2]

将糖霜挤在杯子蛋糕上，再点缀上香橙丝即可。

圣诞之宴

三份风格各异的圣诞家宴食谱

Three Unique Menus for Christmas Dinner

圣诞节的来历

　　我们家的圣诞节庆祝是从每年冬至这天开始的。有人要质疑了——难道圣诞节不是基督徒庆祝耶稣基督降生的纪念日么？答案是否定的，直到公元 354 年，罗马天主教会才规定 12 月 25 日为圣诞节（耶稣的生日并没有历史记载）。

　　千百年来，12 月 25 日一直是欧洲异教（Paganism）庆贺太阳神密特拉（Mithra）诞辰的节日——即"农神节"。从这一天开始，漫长的冬夜逐渐变短，日照时间也越来越长，万物复苏，欣欣向荣。太阳带来的光明和复苏的希望，让崇拜太阳神的异教徒们把这一天看作是春天将至的象征。所以罗马教会才会把耶稣的诞辰定为与农神节同一天，这里隐喻耶稣的降生为黑暗的长夜带来光明。

　　其实现代人熟知的圣诞传统都有着悠远的异教起源：异教中被

看作生命之源的冬青树衍生为现代的圣诞树，并被赋予了基督教色彩，圣诞树也象征着耶稣的荆棘冠；用来装饰门庭和窗户的松柏花环，则让人联想到中世纪农神主教携带松枝花环穿行在罗马各个神殿间的图景；圣诞装饰中不可缺少的蜡烛，沿袭了古罗马用灯避开黑暗的习惯；而现代人推杯换盏的圣诞前夜（Christmas Eve），也来源于中世纪时异教盎格鲁·撒克逊人的"母亲之夜（Modraniht）"这一祭奠仪式。

圣诞节作为一个重要的文化符号，在人们狂欢之余，在承载宗教信仰之外，还要有独特的风格。对很多人来说，展现风格的表达方式之一就是圣诞节的宴飨。

圣诞节不是中国人的传统节日，可圣诞将至，人们还是会难以抑制兴奋心情，早早地就和家人朋友相约，准备好好庆祝一番。主题繁多的圣诞派对和风格多样的家宴，为的就是要在年根底下尽情欢乐。吃什么并不重要，此时欢乐大于食物本身。

不同文化风俗衍生出名目繁多的节日盛宴。仔细想一下，这些盛宴其实都是宣告了某个特殊时刻的来临，使我们可以切身体会到生命周而复始的奇妙过程。

因此，对中国人来说，圣诞节时辞旧迎新的团聚意味浓于宗教礼仪。既然圣诞是庆祝一年的过去，是作总结、回顾和展望的最佳节日，那么在圣诞餐桌上和来宾一起分享过去一年的经历就更加有趣。此时，一些简单易做的（或是可以提前几天准备好的）又有特色的圣诞食谱就特别实用。

✤ 圣诞节我们该吃什么? ✤

西方的圣诞宴请几乎都在圣诞前夜，圣诞节当天全家要去教堂虔诚礼拜。因此，圣诞前夜这一餐是最为隆重和丰盛的。一家人在一个月前就开始精心构思美妙的圣诞大餐。我们家的圣诞大餐，虽然菜式每年都不一样，但套路不离老派传统，那就是以前菜和汤开始，至烤肉上桌时达到高潮，还有一瓶瓶美酒和现烤的面包，最后借甜点愉快地收尾。

先说主菜烤肉：中世纪以来，最常见的圣诞宴席上的主菜就是各种烤肉。中世纪时，人们认为所有动物都可以食用，离地面最远的飞禽类被视为最珍贵最高级的食材，比如鹤、雕、天鹅。伊丽莎白时代的英国烤肉菜，就有烤云雀和涂满金箔的烤孔雀。然而，这些毕竟不是寻常人家可以拿来庆祝节日的食材。因此，人们逐渐开始习惯吃猪、牛、绵羊和山羊，由此而来的烤牛肉，烤猪腿及后来

中世纪时，为亚历山大大帝庆功的盛宴上，烤孔雀这道大菜被隆重地呈上餐桌。/《孔雀宴》（来自《亚历山大大帝的征服与功绩之书》，现藏巴黎小皇宫博物馆）

流行开来的烤鸡，也就成了西方圣诞家宴上不可缺少的主角。

据《圣经》记载，先人们总是以一家圈养牛的数量来衡量一个人财富的多寡。只有在人们表示敬意之时，才会宰杀一头牛做顿美餐。因此，在整个欧洲牛肉都是被赋予深刻寓意的食材，宴客的珍馐美味里，必然会有一份牛肉以让宾主皆感荣光。由此衍生出来的"切肉礼仪"，也让西方的圣诞大餐充满了仪式感。尤其在盛行吃烤肉的英国，一个人（必是一家的男主人）是否可以娴熟地将大块烤肉切成优雅的小块分给客人，正是判断他良好的出身和社会阶层的依据。

烤整鸡也是特别受欢迎的圣诞主菜。鸡肉价格亲民，而且人们从前多在自家后院养鸡，需要时就抓上一只（哦，阿门！）。这在没有冷藏设备的时代，比宰杀整头猪、牛、羊确实要方便很多，同时还富有田园生活的气息。烤鸡肉美味最重要的窍门是放在鸡胸腔里的馅料。16~17世纪开始，人们尝试在馅料里加入各种水果和果干，最常见的搭配是蜜干枣和无花果干及各种研碎的坚果。当然还有用于调味的点睛食材：鼠尾草、洋葱和整柠檬。渗满肉汁的美味馅料才是很多人爱吃烤鸡的真正原因吧。

著名的私人生活史记录者、英国作家塞缪尔·佩皮斯（Samuel Pepys）（1633－1703）关于圣诞晚餐的日记部分，记录了他们一家两年的圣诞主菜——烤鸡。比如1660年的圣诞日，他记录道："一早去教堂，与妻子和弟弟一起吃圣诞晚餐———一条上好的羊腿和一只鸡"；再比如1662年的圣诞前夜，他收到"一整条好牛肉和三打牛舌头"，然后圣诞日与妻子促膝而坐，共享烤鸡。

烤牛肉也有讲究，选肉要挑大块的臀肉（rump）和上腰肉（sirloin），这样烤制出的牛肉豪爽又美味。吃不完的肉切成小块，还可以拿来做牧羊人派（shepherd's pie）或咖喱，都不错。烤肉时流出的肉汁可千万别倒掉，加入白兰地酒、面粉和高汤，就是每个大厨都引以为豪的美味烤肉浇汁。

烤肉类菜出现在圣诞餐桌上，一方面带有向远古时的祭祀致敬的意味，另一方面烹制、切割和分享也可以将家人朋友共聚到一个崇高的仪式中。如果你想让自己的圣诞烤肉菜谱别具一格，那看看这则来自澳洲的报道吧："一道受中世纪菜谱启发，名为'火鸡鸭'的大菜开始接受圣诞预定。这是把鸡肉塞到鸭肉里，然后再继续塞进火鸡里，并用无花果、开心果、水果、鼠尾草和洋葱做填充物，外面裹上培根一起烤制出的圣诞怀古大餐"。这也许是参考了捷克作家博胡米尔·赫拉巴尔（Bohumil Hrabal）在小说《我曾侍候过英国国王》中的一道菜谱："先烤体内装着鸡蛋的鱼，然后将这些鱼放到小鸡体内烤，再将小鸡放到羊肚子里烤，最后将烤羊当成馅儿装在开膛破肚的骆驼里烤……"。

旅行中的美食体验为圣诞大餐带来的灵感

　　每到圣诞节，我都会有板有眼地准备传统圣诞大餐，提前几周就开始准备大餐菜谱，采买原料，并做好各项准备：主菜的烤火腿、烤带骨的肉眼牛排、烤火鸡烤鹅烤鸡、烤填馅的羊腿；配主菜的各种调味酱和热菜冷拼；甜点也要包括各种布丁或是巧克力树根蛋糕，布丁上的奶油浇汁也一定要自己做。我一直尝试着通过烹制传统圣诞大餐建立起和圣诞节更亲近的关系，可对于我这个并非从小生活在西方文化里的人来说，在准备传统圣诞食谱时，总觉得少了份骨子里的联系。

又是一年圣诞到来，我突然有了个奇思妙想：我不想再翻看传统圣诞大餐的菜谱，既然我们不需要庆祝圣诞的宗教意义，那总是要庆祝些什么，什么主题最能体现快乐和辞旧迎新的调子呢？我想到了这一年的旅途，因为旅途总会带给我愉悦。我自问，"这一年我都去了哪里？哪个地方最打动我？哪一道佳肴最让我难忘、给我启示最多？"一下子，那些充满异域风情的画面开始在我脑海里滚动播放，在旅途中尝到的美食也顷刻间给我带来了灵感。

这一年去过的地方，看到的景观和接触到的人和事，与我脑海里产生的预想存在千丝万缕的联系。就像德波顿（Alain de Botton）说的："宏阔的思考常常需要有壮阔的景观，而新的观点往往也产生于陌生的所在"。异国情趣特别容易引发快感，而且异国旅行中发现的细节会让我情不自禁地爱上每个到过的地方。因为这些细节充满了丰富的意味，这其中就包括各地的美食。

回望一年间去过的地方：德国的法兰克福（Frankfurt）和大学城达姆施塔特（Darmstadt）；法国勃朗峰下的滑雪胜地霞莫尼（Chamonix）、与英国隔海相望的索梅尔（Boulogne-sur-mer）、画家莫奈的庄园所在地吉维尼（Giverny）和小镇巴比松（Barbizon）；荷兰的海牙（The Hague）、鹿特丹（Rotterdam）、代尔夫特（Delft）、田园风光旖旎的荷兰大学城瓦赫宁根（Wageningen）和附近的高费吕韦国家公园（Hoge Veluwe National Park）；美国纽约和华盛顿；白俄罗斯的明斯克；挪威的卑尔根、斯塔万格和奥斯陆；丹麦哥本哈根；比利时根特和安特卫普，以及波兰华沙（Warsaw）……这个单子越拉越长。

所到之处有的是初探，有的是故地重游。旅途中最吸引我的就是一次次的美食朝圣，这其中有让人大开眼界的有趣的异域饮食习惯：华沙的冬天不到下午三点半就全黑了，所以很多人都会在下午四点左右吃晚饭！德国的圣诞市场，我们一家三代五口人和当地人一起在飘雪纷飞中喝热红酒热可可；还有接触到一些从未听闻的、新奇又带有地方特色的美食原料：鹿角漆树粉、雪绒花、野樱桃、苔藓、茅香草、带有牡蛎味道的婆罗门参和沙棘……；不管是街头小馆烹制的家常美食（纽约陋巷一间半地下室里，美籍韩裔厨师开的中餐厅是家脏兮兮的苍蝇小馆儿，可据说撞星率奇高！），还是米其林餐厅多达数十道的大餐（华沙城郊公园附近的米其林餐厅，2014年初刚为波兰首次摘了一颗星；还有我生活多年的荷兰大学城里开的低调米其林餐厅，原材料都是食品研究室研发的特新食材），又或者旅途中打尖儿碰到的乡村饭馆……所到之处，尽管餐厅和饭菜的风格不同，但不论是传统、创新、乡村还是分子料理，美食之外，我感受到更多的是厨师们通过食物传达的真挚心意。所以对我来说每一处都是美食之都，每一道菜都无以取代。我很难说出旅途中尝到的哪样更美味，脑海中也会不时回放旅途中的一次次盛宴。

细想一下，这些美食展现了两个特色，即"慢食运动"和"分子料理"，这也是20多年来高级烹饪领域里最重要的两个方向。慢食运动强调使用地方食材，运用应季的烹饪方式，各色农夫市场和小规模种植者的绿色食品市场为慢食运动倡导者源源不断地提供新鲜食品。这些活动环环相扣又彼此关联，慢食运动是与旧时饮食

传统的对话，参与者努力将传统食材带回餐桌，并向被遗忘的"农民的智慧"取经，因此慢食运动代表着复苏和创新以及可持续的生活方式。

与慢食运动相对（有时也相辅相成）的是"分子料理"。领军人物法兰·阿德里亚（Ferran Adria）和赫斯顿·布鲁门索（Heston Blumenthal），通过分子美食设备（比如分子低温料理机，真空包装，液氮制冷，还有菜上桌时制造烟雾效果的烟熏粉末和玻璃罩），重组了传统菜式的做法，创造出了前所未有的味觉和视觉体验。

很幸运，过去一年旅途中我尝过这两者完美结合出的美食，这就好比是负责美食和家政的罗马女灶神赫斯提（Hestia）与威利·万卡（Willy Wonka）跨时空相会碰撞出的火花。

旅途中的美食带给我如下几则启发，这几点也给我的圣诞菜单带来了无穷的灵感：

地方特色
(Local Speciality)

德国大学城达姆施塔特有间中规中矩的传统德式餐厅，餐厅在老城广场边上，有几百年历史。楼上餐厅硬木内装，古拙的原木桌子上铺着好几层厚重的桌布。这里提供特色德国吃食：酸菜香肠肘子、慢煎鳟鱼，还有从奥地利传到德国并得以发扬光大的蕃茄慢炖肉汤（goulash），当然还有裹着细面包糠炸出的猪排（schnitzel），配菜酸黄瓜和脆红菜头管够，各款德国鲜啤酒齐备。餐厅里盛着传统佳肴的一个个银盘和屋外广场上圣诞市场的各色霓虹灯闪烁辉映，此番情景真是对圣诞节最佳的诠释。

法国滑雪胜地霞莫尼的传统美食是奶酪火锅（fondue）。法式奶酪火锅用四种奶酪加白葡萄酒调制后熬成锅底，这四种奶酪里，博福尔（beaufort），萨瓦地区的多姆奶酪（tomme de savoie）和勒布洛雄奶酪（le reblochon）都是阿尔卑斯山当地的特产奶酪。每天到傍晚，滑了一天雪的我们带着爸妈徒步走到住地附近的传统法国馆子，一推门就能闻到奶酪香。我们点上各种咸肉火腿 salami、再加上面包、酸黄瓜和小土豆，放在吱吱作响的奶酪锅里一转，卷着奶香的美味就进嘴了。窗外下着大雪，屋里阵阵欢声笑语，冒着热气的 fondue 散发着奶香，背景音乐传送着节日的喜庆，真是让人欲仙欲醉啊！

口味重的地方特色还有荷兰集市上的生腌鲱鱼（一定要手持鲱

鱼,仰起脖子,从鱼尾到鱼头一口吞掉,然后留下一条完整的鱼骨)、炸薯条蘸蛋黄酱;明斯克宏大的苏式建筑里,沿着长廊一字排开的酒吧窗口,专卖格瓦斯、啤酒和各种下酒菜;华沙老城区家常菜馆里尝到的牛肚汤、酸洋白菜卷和红菜头饺子汤,让我这个异乡客有了到家般的亲切感;丹麦的开放三明治(Smørrebrød)和好吃的桂皮苹果甜卷;比利时根特百年鱼市场旧址上新建的临水食肆里,有我最爱的传统比利时美味:烩海虹配薯条。窗外飘渺水气让远处弗兰德建筑剪影有了中世纪静物画的韵味。盘中用白葡萄酒、胡萝卜、芹菜和韭葱烩煮的海虹,黑壳微张,露出里面鲜亮的橙色,给画面添了一笔点睛的亮色。

回归传统和舒心美食
(Back to Tradition and Comforting Food)

地方特色和外来美味一直在抗衡着。全球化带来的随处可见的快餐品牌,或多或少地冲击着各国各地的传统美食。然而,在旅途上的美食际遇让我看到了传统的回归。不论是新开张的新潮小餐厅,还是百年老店,抑或米其林星级餐厅,大厨们竞相把传统食谱发扬光大。他们重新启用被遗忘的食材,并用传统方法烹饪,在我看来,这些都是向传统致敬,向故土饮食文化致意的体现。这些回归传统,提供舒心美食的餐厅是我一年旅途上采撷的一颗颗珍珠。

食材!食材!食材!
(Ingredients and le Terroir)

荷兰小镇瓦赫宁根是欧洲以及世界知名的生命环境科学城,我们一家经常在周末从巴黎开车来这里小住。小城里的一家米其林一星餐厅特别吸引我。

大学城里的人深为有这家餐厅而自豪。这里有不少科学家每天与各种食材打交道，他们的研究成果被认为是给餐厅的新鲜食材上的双保险。看看这份应季菜单就明白餐厅的使命感有多高了：

点缀在脆皮火腿和酸面包上的用高压打出的孢子甘蓝泡沫，藜麦和菜花刨花点缀的鹌鹑蛋配印度风味的瓦多万（vadouvan）泡沫；主菜是大厨根据客人口味特别设计的惊喜之作：其中一道的主要食材是鸽子，肉鲜且烹制得恰到好处。鸽子肉下面还垫着珍珠大麦、法国小扁豆和慢炖小牛舌头；另一道主菜是鹿肉，用鸭葱（scorzonera）奶酱调味，再配以猪血肠、姜饼、白葡萄和胡桃粒。

食材的新鲜独特真的可以看得到品得出。

采撷美食
(Cook it Raw)

哥本哈根新开的餐厅 Bror，大厨班底都曾在排名世界第一的NOMA 餐厅工作过。这家餐厅最值得一提的就是对食材的广泛涉猎，其中大部分食材采撷自哥本哈根近郊：雪绒花、繁缕、松枝、各种野浆果。这些朴实无华的食材被有心的厨师发现，经过再创造后呈现在食客的眼前。盘子里装载了一部当地的自然人文简史。

华沙的米其林餐厅 Atelier Amaro 也异曲同工地致力于"采撷美食"运动。餐厅的菜单上，取代菜名的是每道菜所用的食材：茅香草（就是泡在波兰伏特加酒瓶里的那种草）、野樱桃、婆罗门参、沙棘……，光是名字就已经相当精彩纷呈了。

采撷美食运动将一张张餐桌延伸到城市边的森林里、草场旁，食客们在大饱口福的时候，也开了眼界，成为本地自然史的述说者之一。

终于为一年旅行做了个美食主题的总结。我边写边构思着今年的圣诞菜单，虽然无法明确地一一标注出每道菜灵感的来源，但我知道，每道菜都会与往年有些不同，这些细微的改变可能来自于食材的选择、对烹饪方法的考量和摆盘的讲究。我要把这些改变都归功于旅行带给我的奇思妙想！

《平安夜晚宴》（1904-1905）
卡尔·拉森（Carl Lasson）
（1853-1919）
（斯德哥尔摩国家美术馆，瑞典）

画中描绘的是北欧平安夜时的家宴场景。壁炉里熊熊燃烧的炉火，父亲作为一家之主，正在安排圣诞庆祝的各项事宜。餐桌一端，女主人和孩子们正在审视一年中最重要的家宴的所有细节；餐桌上摆满了丰盛的食物和酒水，过节时才拿出来用的整套餐具和酒具也已经被悉心摆放好。画面中面朝我们的女孩，应该是家中长女，她担负起了宴会主理的任务，她手捧丰美的食物，向我们发出了真诚的邀请。

三份风格各异的

圣诞家宴食谱

圣诞家宴食谱 1

与家人朋友分享美食与故事

一桌适合边吃边分享旅行经历的圣诞大餐
（适合 10 人）

　　就像吉尔伯特（William Schwenck Gilbert）说的："筹备家宴时先要考虑到坐在椅子上的宾客比端上桌的美食更重要"。这正是我想到的。圣诞家宴请来的亲朋好友是来分享彼此一年来的趣事和经历的，好不容易欢聚一堂，万万不能因为主人要在厨房里忙乱而错过了桌边叙谈的机会。所以下面菜单中的可口小食、前菜的 Terrine、以及甜点都可以在家宴前几天陆续准备好（它们的味道在两三天后会更棒）。主菜的准备工作也可以在客人到来之前就绪，这样一来主人完全可以气定神闲，优雅踏实地参与谈话，丝毫不影响美味一道道鱼贯上桌。

开胃小菜：栗子肉糜一口酥
Amuse Bouche: Mini Chestnut and Pork Pie

前菜：乡村冷肉冻配杏味芥辣酱
Appetizer: Terrine de Campagne with Apricot and Mustard Jam

主菜 1：香酥鸭与配菜两款
Main Dish 1: Chinese Crispy Duck and Two Side Dishes

主菜 2：蒜香烤龙虾
Main Dish 2: Garlic Roasted Lobster

甜点：杏仁可可焦糖白巧克力挞
Dessert: Caramelized White Chocolate Tart with an Almond and Cocoa Tart Base

---

可口小食
栗子肉糜一口酥

Mini Chestnut and Pork Pie

准备时间：1 小时 烘焙时间：30 分钟

Party 开始前的半个小时内，宾客会陆续到来，这正是主宾间寒暄的好时机。迎宾的各种酒水（最受欢迎的当然是冰好的香槟酒）之外，各色可口小食可以适时端出来，作为正餐前的点心。

我一直对瓦赫宁根那家米其林餐厅的 amuse bouche 念念不忘。盛在温热盘子上的各色千层酥皮 canapé，有奶酪馅的，果味的，坚果味的，每件都是一口的量。就着香槟酒细细品尝，几乎停不住嘴，同时让人对随后的大餐充满期盼。

所以在构思圣诞大餐的 canapé 时，我也想尝试酥皮小点心。每个人都爱酥皮，一口咬下去的香酥口感特别让人雀跃。我借鉴了英国大厨米歇尔（Michel Roux Jr）的栗子猪肉酥的做法，在原来的基础上增加了使口感更丰富的其他原料，最后的成品其实很像中式鲜肉月饼。必须提到的是，用作肉糜的猪肉必须是鲜肉馅、火腿、熏肉和西班牙火腿的结合，这样绞出的肉糜味道更浓厚。当然，如果实在凑不到四种，任选其中三样也行。

────── **原料** ──────

肉糜填馅

· 200 克五花肉压的肉馅；
· 100 克冷切火腿片；
· 100 克熏猪肉火腿（smoked ham）；
· 50 克伊比利亚火腿，斩碎；
· 半湿杏干一把，斩碎；
· 青苹果 1 个，削皮，切成细丝；
· 煮熟的整个的栗子 15~20 枚，外加栗子茸一茶碗；

· 2 个洋葱头，切极碎；
· 5 瓣大蒜，切极碎；
· 鼠尾草 5 片，切极碎；
· 白砂糖 1 茶勺；
· 盐 2~3 茶勺、胡椒粉少许；
· 日本味淋 3 汤勺（没有的话可以用料酒代替）；
· 1 个鸡蛋。

酥皮

· 现成的千层起酥酥皮（puff pastry）3 张，约 600 克；

· 1 整个鸡蛋＋1 个鸡蛋黄打成蛋液，用来刷在做好的一口酥上。

肉糜填馅

[1]

将四种猪肉制品放入搅拌机里，合搅成细肉糜，备用；

[2]

锅中放入橄榄油、蒜末和洋葱碎，炒至金黄变软，离火晾凉；

[3]

在猪肉糜里放入晾凉的洋葱和蒜、鼠尾草、栗子茸和杏干碎，加入鸡蛋后用手搅拌肉糜，给肉糜上劲。加入白砂糖、盐、胡椒和味淋，再次搅拌肉糜。

一口酥

[1]

取一只小饭碗和一个普通茶杯，饭碗的杯口直径在 14~16 厘米左右，茶杯的杯口直径在 8~10 厘米左右；饭碗倒扣在酥皮上，扣出的大些的圆形酥皮铺在手掌上放馅；用茶杯倒扣出的小些的圆形酥皮盖在铺上肉馅的大酥皮上，封口；

[2]

取一张大酥皮，先放一层肉馅（肉馅边缘和酥皮相距 0.8 厘米左右），然后放上一枚整个的栗子，再放些肉馅，这次要盖住栗子，放肉馅的手法和包包子一样。最后在肉馅上放上苹果丝；

[3]

取一张小酥皮，将小酥皮的边缘对上大酥皮边缘，把两张酥皮的边缘捏合拢，然后把一口酥倒扣过来，将多余的酥皮捏进去，使外形成为小馒头状；

[4]

将蛋液均匀地涂在一口酥上，用小刀划出花纹。放入预热的烤箱里，190℃烤 30 分钟（或直至一口酥表面金黄）。

* 稍凉后口感更好，可一切 4 份上桌。吃的时候可以蘸番茄酱或是 BBQ 酱。

乡村冷肉冻配杏味芥辣酱

Terrine de Campagne with Apricot and Mustard Jam

准备时间：1.5 小时　制作时间：12 小时

需隔夜冷藏后食用

没有什么比冷肉冻（terrine）更淳朴和本味的了，这个地道的法国菜使用的通常是最普通的食材（有时候还是厨用边角料），依据大厨的妙手巧思，一层层码放在模子里，颜色搭配，口感调和都要考虑到。码好了，用水浴法烤制。隔夜晾凉切片的时候是最让人兴奋的一刻，刀徐徐切开紧实的肉冻，然后看到白色、红色、绿色、黄色，各种鲜艳色块间或排列在梯形的肉冻上，真像是美食版的蒙德里安抽象画。

一入秋，我们总会去巴黎近郊森林里采蘑菇，捡栗子。从巴黎开车不到一个小时就是法国国王们曾经钟爱的狩猎场——枫丹白露。这里有极为丰富的自然资源，成片的森林给鸟类和哺乳动物提供了理想的栖息之所。枫丹白露森林的入口处就是小镇巴比松（Barbizon），这个安静美丽的小镇就是著名的巴比松画派（Ecole de Barbizon）的诞生地。从小镇步行一刻钟就可到达给画家们带来灵感的巴比松森林。卢梭（Etienne Pierre Théodore Rousseau），米勒（Jean-François Millet）悠然恬适的乡村生活写实画就是出自这片森林。

在巴比松小镇上的传统法国餐馆，我吃到了特别正宗的冷肉冻，它用意大利腊肠包裹，横切面是煮好的鸡蛋和芦笋，还有栗子！

我决定把圣诞大餐的头盘设计成一幅可食的印象画。我希望我的客人们能从冷肉冻色彩斑斓的横切面里，看到印在我脑海中的巴比松森林，闻到秋末森林中的栗子、枯叶和阳光的味道。

原料

肉糜填馅

- 法式带盖 terrine 模子一个，没有的话，带盖的铸铁小锅或是陶瓷的 terrine 模子也可以；
- 130 克鸡肝，洗净切成小块；
- 800 克鸡胸肉（最好用鸡小胸肉，长条状的），切成一厘米见方的小块；
- 150 克猪肉馅，放入胡椒粉和盐入味；
- 4 个洋葱头（洋葱头比洋葱味道更浓），去皮切碎；
- 6 瓣大蒜，切碎；
- 黄油少许；
- 白兰地少许；
- 80 克生开心果仁；
- 一把洗净的菠菜叶子；
- 3 片白面包（最好是干一些的隔夜面包），切掉边不用，掰碎，放入两汤勺牛奶，手抓成半湿的面包泥；
- 数粒大粒胡椒；
- 两个柠檬皮擦成细丝；外加半个柠檬榨出的汁；
- 6 片鼠尾草，切成极细的丝；
- 一茶碗煮熟的栗子碾成茸；
- 1 个鸡蛋，搅散；
- 6~7 根绿色芦笋，洗净、去掉老根；
- 12~14 片意大利咸肉（prosciutto）；
- 少许盐和胡椒调味。

芥辣杏味酱

- 3 头大蒜，3 片姜；
- 1 汤勺菜籽油；
- 2 茶勺带籽芥末酱；
- 180 克半湿杏干，切成极小的块；
- 180 毫升水；
- 90 毫升苹果醋（或者红酒醋）；
- 4 汤勺白砂糖；
- 1 个橙子的皮擦成细丝；
- 盐和胡椒调味；
- 3 汤勺白兰地。

做法

烤箱预热180℃，预热烤箱时，在烤盘里放入热水（热水量尽量能到模子高度的一半），因为稍后的terrine模子要用水浴法烤制。

[1]

在炒锅中放入黄油，炒香洋葱头和蒜米，直至变软，加入鸡肝，翻炒以不至粘锅，放入白兰地，边炒边搅拌，直到水气散尽，离火，倒入一个碗中晾凉；

[2]

在鸡肝碗中放入鸡肉、猪肉馅、开心果、栗子茸、菠菜叶、面包泥、柠檬丝、胡椒粒、鸡蛋、鼠尾草、盐和胡椒，搅拌好；

[3]

在terrine模子的四壁和底部垫好烤纸，四边多留出一些，一会儿包裹肉泥用。把意大利咸肉片一片片码在模子四边和底部（码在烤纸上）。码放时注意一片略压一片，不要有空隙。咸肉片也应该垂出模子一些，以便稍后可以严丝合缝地包裹住肉泥；

[4]

在放好咸肉片的模子里放入一半肉泥，用木勺背压严实，然后将芦笋一根根码在肉泥上（芦笋顺着模子较长的一边码），再铺上余下的肉泥，一定按压严实。然后把铺好的咸肉一片片盖住肉泥，再把烤纸合拢，盖在肉泥上，盖上盖子；

[5]

把模子放入烤箱，烤制1小时（或直至用手按压terrine中间时可以感觉到紧实）。在烤好的肉泥上压上重物，放入冰箱过夜。第二天吃的时候切成1.5厘米左右厚度的片。

芥辣杏味酱

Terrine 通常和酸味西式泡菜一起吃，比如酸黄瓜或者酸的以色列辣椒。因为这款肉冻里有鸡肉和鸡肝，所以在搭配传统酸味泡菜吃的同时，可以佐以一款口味冲一些的甜味蘸酱。杏肉和鸡、猪肉都很配。

—— 做法 ——

小锅里放油，炒香蒜米和姜，放入余下的所有原料，盖上盖子慢煮 20 分钟。晾凉即可。

主菜之一
香酥鸭与配菜两款
Chinese Crispy Duck and Two Side Dishes

准备时间：（第一天）5 分钟　制作时间：（第二天）6 小时

香酥鸭做起来稍微麻烦些：要先腌一夜，然后用旺火蒸透，晾凉后再挂浆淋热油，或炸制完成。可整个过程下来，特别有满足感，而且难度不大。

配菜一

凉拌青翠豆子和石榴籽

准备时间：5 分钟　制作时间：10 分钟

······ *Mixed Green Beans with Pomegranate seeds*

水开后先放入细扁豆，两分钟后放入荷兰豆和小豌豆，再过两分钟后捞出，过凉水。在一个小碗里放入 3 汤勺橄榄油，2 汤勺苹果醋，2 汤勺石榴汁（或樱桃汁），少许白砂糖、盐、胡椒粉，搅拌充分后浇在晾凉的豆子上，最后撒上石榴籽即可。红绿相间，喜庆又美观。

配菜二

鹅油香草煎土豆片

准备时间：5 分钟　制作时间：10 分钟

······ *Sautéed Potatoes with Duck Fat and Sage*

按每个人两个半小土豆的量准备。仔细清洗土豆外皮，放入锅里，加水煮开。煮开后 5 分钟关火，将土豆取出。擦干外皮后，切成不薄不厚的片。煎锅里放 4 汤勺鹅油（鸭油或鸡油也可以），煎香蒜末和洋葱头（一定要切得极碎），放入土豆片慢煎，直至土豆两面都带有诱人的金黄色边，此时放入切碎的香草（鼠尾草、迷迭香和意大利香菜各少许，切极碎）、海盐少许，出锅！

—— 原料 ——

香酥鸭

- 略肥些的净腔鸭子一只；
- 6 汤勺盐；
- 6 茶勺藤椒，碾碎；
- 料酒一茶杯；
- 8 片姜片；
- 4 根大葱挽结；
- 五香粉 3 茶勺；
- 菜籽油 1000 克。

炸浆

- 白砂糖 150 克；
- 苹果醋（可以增加鸭子的果香味）150 毫升；
- 白兰地酒 5 汤勺；
- 一小茶勺香油，充分混合即可。

—— 做法 ——

[1]

鸭子洗净，用盐、料酒、花椒和五香粉搓揉鸭子，表皮和内腔都要涂抹均匀。用塑料薄膜层层裹严鸭子，入冰箱过夜入味；

[2]

第二天，鸭子从冰箱取出后，打开薄膜，在鸭肚子里放上姜片、大葱和五香粉，外皮再次放少许料酒；

[3]

蒸锅水开后，将鸭子放入，大火蒸制 1 小时 20 分钟（根据鸭子大小来定蒸制时间，一定要蒸透，但绝不能过熟）；

[4]

用热水，或加热的黄酒洗净蒸好的鸭子表皮，室温晾干鸭子（至少 3 个小时）；

[5]

将炸浆均匀涂在鸭子身上，第一遍的炸浆略干后再淋第二遍炸浆；

[6]

油锅里放好油，油温不能过高，用筷子插进油面，筷子四周有零散小气泡就可以了；

[7]

将鸭子放入，这时可以用一只大号厨用夹子，把其中一个脚放进鸭膛里，夹着鸭子进行翻面炸制，低油温慢炸，鸭子表皮呈蜜色后，取出控油；

[8]

吃之前，再用热油滚炸一遍鸭子，为的是使鸭子更香酥；略凉之后斩件，可蘸甜面酱，并配以葱丝和薄饼（中式吃法），也可和这里介绍的两道配菜一起吃（中菜西吃）。

主菜之二
蒜香烤龙虾

Garlic Roasted Lobster

准备时间: 30 分钟　制作时间: 25 分钟

不管是什么主题的家宴，当龙虾上桌的那一刻，总会引起宾客惊喜的欢呼。
为了那一声欢呼，为了这一年色彩斑斓的美食之旅，至尊烤龙虾作为家宴的
主菜真是不二的选择。

食用时可佐以蒜味蛋黄酱，或什么也不放，就吃鲜美多汁的龙虾！

—— 原料 ——

· 深海活龙虾两只；
· 大蒜两头，从中间切开；
· 白兰地或雪莉酒半瓶；

· 柠檬 2 个，对切；
· 海盐，胡椒少许；
· 橄榄油 6 汤勺。

—— 做法 ——

[1]

龙虾去头，从背部切开，除龙虾尾外，
其他部位斩件备用，龙虾钳用刀背
拍开；

[2]

取一个厚底烤盘，加热后放入橄榄
油，将大蒜切口一面朝下，煎香。
放入除龙虾尾外的其他龙虾各部位，
翻炒，直到虾皮变红色，放入龙虾尾，
切口面朝下略煎上色，翻面，在龙
虾上再撒一遍橄榄油，挤上柠檬汁，
撒盐和胡椒，放入烤箱，200 ℃ 烤
10~15 分钟即可。

圣诞甜点
杏仁可可焦糖白巧克力挞
Caramelized White Chocolate Tart with an Almond and Cocoa Tart Base

准备时间：2 小时　烘焙时间：40 分钟

　　"甜点 dessert"一词来自法语"desservir"，原意是"清理桌子"，后来甜点被赋予了更加重要的意义。不过，我希望我的圣诞甜点能帮助客人们清理味蕾，并留下圣诞餐桌带来的美好回忆。所以，我决定在甜点里放些汤卡香豆（tonka）为美味助阵。

　　在荷兰、丹麦和波兰首家米其林餐厅的甜点里，都有汤卡香豆的身影。虽说它的功效类似于香草（vanilla），可是汤卡香豆的味道更有层次，更加独特。

　　所以，用放了汤卡香豆的甜点作为圣诞家宴的收场，真是再恰当不过了。

—— 原料 ——

焦糖白巧克力挞

· 250 克白巧克力，掰成小块；
· 400 毫升鲜奶油；

· 汤卡香豆（tonka bean）1 个；
· 1/2 茶勺海盐。

杏仁可可挞底

· 150 克冷藏黄油，切成小块；
· 180 克面粉，过筛备用；
· 80 克杏仁粉；
· 65 克糖粉；
· 50 克荷兰可可粉；

· 半茶勺盐；
· 1 个鸡蛋黄；
· 3 茶勺冰水；
· 23 厘米直径的挞模子一个，
  用黄油均匀涂抹模子底部。

—— 做法 ——

[1]

白巧克力放在烤盘里，放入 120℃
烤箱，低温焦化 30 分钟后取出；

[2]

把黄油块、过筛面粉、杏仁粉、糖
粉及可可粉放在搅拌机里，打散，
直至混合粉成为面包渣状。加入蛋
黄，继续搅拌，如果不能成团，就
一勺一勺加入冰水，直到面粉成团。
取出面团，压成饼状，包好保鲜膜
入冰箱冷藏 20~25 分钟；

[3]

20 分钟后取出挞坯，在案板上擀
成 3 毫米厚的挞皮，放入圆形挞模
子里，入冰箱冷藏 30~40 分钟。同
时预热烤箱（200℃）；

[4]

30 分钟后，在挞上放一张厨房油
纸，油纸上放些压重的豆子，放入
烤箱里烤 10 分钟；10 分钟后拿走
豆子和烤纸，再烤 10 分钟，杏仁
可可挞皮烤好待用。此时可将烤箱
降温到 160℃；

[5]

小火上放奶锅，奶锅里放入鲜奶油
和焦化后的白巧克力，搅拌充分，
直至白巧克力焦糖完全融化，此时
用擦子擦出汤卡豆细屑，放入奶油
巧克力锅里，放入盐。稍凉后将奶
油巧克力混合物放入烤好的可可挞
皮上，在 160℃烤箱里烤 20 分钟，
降温至 150℃，再烤 20 分钟（或
直至奶油巧克力烤熟）。

＊晾凉后切块，配香草冰淇淋和各
种浆果一起吃。

圣诞家宴食谱 2
轻松上手即可做出一桌
丰盛的圣诞家宴
（适合 10 人）

·前菜：和风肉冻

Appetizer: Terrine Japonaise

·主菜 1：红酒醋慢炖羊腿肉配防风

Main Dish 1: Lamb Shoulder Slow Braised in Balsamic Vinegar with Parsnip

·主菜 2：烤姜汁味噌三文鱼配橄榄油海盐芦笋尖

Main Dish 2: Salmon with a Ginger and Miso Marinade with Asparagus Tops

·甜点 1：烘蛋白酥饼配芒果百香果糖浆

Dessert 1:Baked Meringue with Passion Fruit and Mango Puree

·甜点 2：松子挞

Dessert 2:Pine Nut Tart

前菜
和风肉冻

Terrine Japonaise

准备时间：1.5 小时　烘焙时间：1 小时

切开就能看到色彩斑斓横切面的肉冻绝对是节日餐桌上的必需。沿袭我家每年圣诞必做一款肉冻的传统，这次我尝试在保持传统制作工艺的基础上，使用日式调味酒——味淋代替传统的白兰地。味道相当不错。

需放冰箱冷藏，隔夜后食用

原料

· 法式带盖 terrine 模子一个，没有的话，带盖的铸铁小锅或是陶瓷的 terrine 模子也可以。
· 10 条小鸡胸肉，切成一厘米见方的小块；
· 350 克猪肉馅（最好买五花肉自己剁成比肉馅颗粒稍大些的肉茸），放入胡椒粉和盐入味；
· 2 个洋葱头（洋葱头比洋葱味道更浓），去皮切碎；
· 6 瓣大蒜，切碎；
· 味淋 4 汤勺；
· 85 克生的开心果仁；
· 1 个鸡蛋，搅散；

· 一把洗净的菠菜嫩叶（不要带梗的部分，只用嫩叶）；
· 半根法棍（隔夜法棍最好），切掉外皮不用，掰碎，放入两汤勺牛奶，手抓成半湿的面包泥；
· 数粒大粒胡椒；
· 1 个橙子的皮擦成细丝；外加两汤勺现挤的橙汁；
· 6 片鼠尾草，切成极细的丝；
· 8 根绿色芦笋，洗净，去掉老根；
· 12~14 片意大利咸肉 (prosciutto)；
· 少许盐和胡椒调味。

做法

烤箱预热 180℃，预热烤箱时，在烤盘里放入热水（热水量尽量能到模子高度的一半），因为稍后的 terrine 模子要用水浴法烤制。

[1]

在炒锅中放入黄油，炒香洋葱头和蒜米，直至变软。离火，倒入一个碗中晾凉；

[2]

在放了盐和胡椒的猪肉馅里放入味淋，使劲用手抓，帮助入味。然后放入鸡肉、开心果、面包泥、鲜橙丝、胡椒粒、鸡蛋、鼠尾草、盐和胡椒，搅拌好，这就是肉泥了；

[3]

焯熟菠菜，晾凉备用；

[4]

在 terrine 模子的四壁和底部垫好烤纸，四边多留出一些，一会儿包裹肉泥用。将意大利咸肉片一片片码在模子四边和底部（码在烤纸上）。码放时注意一片略压一片，不要有空隙。咸肉片也应该垂出模子一些，以便稍后可以严丝合缝地包裹住肉泥；

[5]

在放好咸肉片的模子里放入三分之一肉泥，用勺背压严实，然后将芦笋一根根码在肉泥上（芦笋顺着模子较长的一边码），再铺上余下肉泥的一半，按压严实；然后码上一层菠菜，再把余下的肉泥全部铺上。然后把铺好的咸肉一片片盖住肉泥，再将烤纸合拢，盖在肉泥上，盖上盖子；

[6]

将模子放入烤箱，烤制 1 小时（或直至用手按压 terrine 中间时可以感觉到紧实）。在烤好的肉泥上压上重物，放入冰箱过夜。第二天吃的时候切成 1.5 厘米左右厚度的片。

主菜之一
红酒醋慢炖羊腿肉配防风

Lamb Shoulder Slow Braised in Balsamic Vinegar with Parsnip

准备时间：1.5 小时　烘焙时间：1 小时

—— 原料 ——

· 3 公斤羊腿肉，切成 3 厘米见方的块状；
· 4 个防风，去皮切成滚刀块；
· 8 个洋葱头，每个都纵切成 4 块；
· 上好意大利红酒醋 8~10 汤勺；
· 两汤勺浓缩西红柿酱；
· 1 汤勺迷迭香；
· 一壶开水；
· 盐和胡椒调味。

—— 做法 ——

[1]

铸铁锅里放少许橄榄油，炒香炒软洋葱头，加入迷迭香，略翻炒后放入切好的羊肉，炒至肉块变色；加入浓缩西红柿酱，翻炒，直到羊肉包裹上西红柿酱。加入意大利红酒醋，加入开水；

[2]

锅开后撇去血沫，转小火。慢炖两小时；

＊以上两道工序可以在宴会前一天准备好。

[3]

宴会当天，加热羊肉，放入切好的防风同焖。20 分钟后转大火煮 10 分钟，收汁即可。

主菜之二
烤姜汁味噌三文鱼配橄榄油海盐芦笋尖

Salmon with a Ginger and Miso Marinade with Asparagus Tops

准备时间: 10分钟　制作时间: 50分钟

—— 原料 ——

- ·6块带皮三文鱼;
- ·6茶勺姜茸;
- ·6汤勺白味噌;
- ·4汤勺味淋;

- ·1汤勺红糖;
- ·1汤勺淡味酱油;
- ·嫩芦笋只取用芦笋尖, 约两三把芦笋尖。

—— 做法 ——

[1]

把姜蓉、白味噌、味淋、红糖和酱油调成腌三文鱼用的汁, 将腌汁均匀地抹在三文鱼上, 用手抓几下帮忙入味;

[2]

将腌好的三文鱼放在保鲜盒里, 入冰箱冷藏24~48小时;

[3]

宴会当天, 烤箱预热190℃, 烤制30~40分钟。中间打开烤箱给鱼肉刷一层腌汁;

[4]

水开后放入芦笋尖, 焯2~3分钟后捞出, 过冷水。淋橄榄油, 撒海盐。佐三文鱼吃。

配菜
香辛热土豆沙拉
Warm Spicy Potato Salad

准备时间：30 分钟　制作时间：10 分钟

原料

- 1 公斤小土豆，洗净外皮；
- 350 克豌豆；
- 1 个熟透的牛油果，碾成牛油果泥；
- 香菜籽少许；
- 茴香籽少许；
- 北非辣椒粉少许；
- 姜黄粉少许；
- 龙蒿少许；
- 薄荷少许；
- 茴香少许；
- 小葱少许；
- 香菜少许；
- 酸奶油 4 汤勺；
- 青柠檬汁少许；
- 盐和胡椒。

做法

[1]
锅中放大量水（以能没过土豆为准），放入带皮土豆，水开后继续煮 20 分钟。关火，等不再烫手时，剥去土豆外皮，用手将煮好的土豆瓣成大块；

[2]
另一口锅里放水，水开后放入豌豆，煮 8 分钟后关火，沥水备用；

[3]
在炒锅里放入少许橄榄油，放入香菜籽、茴香籽、北非辣椒粉、姜黄粉炒香，关火；

[4]
将土豆、豌豆和牛油果泥放入香料锅里搅拌，加入盐和胡椒调味；

[5]
所有香草切细，拌入土豆中。吃的时候按口味加入酸奶油和柠檬汁。

甜点之一
烘蛋白酥饼配芒果百香果糖浆

Baked Meringue with Passion Fruit and Mango Puree

准备时间：15 分钟 烘焙时间：1 小时 45 分钟

这是一道特别具有澳洲风情的甜点。白色酥香的烘蛋白底，配上各种口味的奶油和应季水果，特别有节日气氛。

吃的当天，在蛋白酥饼上层轻轻敲开一个口，在上面填上厚厚一层加了糖粉的打发奶油，然后淋上芒果和百香果汁就可以吃了。

蛋白酥饼

- · 4 个大个鸡蛋的蛋白；
- · 200 克白砂糖；
- · 3 茶勺玉米淀粉；
- · 1 茶勺白醋；
- · 1 个青柠檬的外皮擦出的丝；
- · 500 克打发奶油；
- · 30 克过筛糖粉。

芒果百香果糖浆

- · 半个芒果打成的果汁，过筛；
- · 4 个百香果的果浆；
- · 1 个柠檬榨出的汁；
- · 100 克白砂糖。

做法

蛋白酥饼

[1]

烤箱预热 120℃（烤蛋白酥饼的温度不能过高，否则烤出来后外皮发黄不好看），在烤盘上涂一层油，放上一张烤纸备用；将蛋白放入搅拌盆中，加入少许盐打发，高速搅打 3 分钟左右；然后慢慢加入白砂糖，直到蛋白呈现硬尖；

[2]

在打发的蛋白中放入玉米淀粉，搅拌好后，放入白醋和柠檬丝；

[3]

将蛋白舀出，放在准备好的烤纸上，整理出一个中间突起的圆饼状。入烤箱，烤 1 小时 45 分钟；

[4]

烤好后，关闭烤箱，让蛋白酥饼在烤箱余温里静置。直到烤箱完全冷却后再取出即可。

芒果百香果糖浆

[1]

用食品加工机把芒果打成汁，过滤备用。随后把百香果打成果汁，留部分籽在果汁里备用；

[2]

混合芒果和百香果汁，加入白砂糖，用小锅煮开，同时不停搅拌，直到果汁变稠。关火。芒果和百香果汁可以提前一周做好，放冰箱备用。

甜点之二
松子挞

Pine Nut Tart

准备时间：15分钟　烘焙时间：1小时45分钟

松子是珍贵的食材，用松子做圣诞甜点特别能代表主人的盛情。吃的时候可以搭配混合了白兰地的打发奶油。

—————— 原料 ——————

挞坯

· 200 克面粉；
· 140 克冷藏黄油，切成小块；
· 50 克白砂糖；
· 60 克杏仁粉；
· 1 个鸡蛋；
· 一撮盐。

填馅

· 125 克杏仁粉；
· 125 克室温软化黄油；
· 125 克白砂糖；
· 2 茶勺杏仁酒；
· 3 个鸡蛋；
· 100 克松子仁；
· 糖粉若干。

—————— 做法 ——————

挞坯

[1]
混合面粉和黄油，用指尖搓成面包渣状。加入白砂糖、杏仁粉和盐，混合均匀，加入鸡蛋。用手和成一个团，包上保鲜膜，在冰箱里至少冷藏 2 小时；

[2]
取出冷藏的挞坯面团，擀成厚度 3 毫米左右的大片，放在挞模子上，用手把四边按压严实，多余出的边用小刀切除，再放冰箱冷藏至少 1 小时；

[3]
烤箱预热 180℃，在挞坯上放一张烤纸，烤纸上铺满米粒或豆粒压重，入烤箱烤 15~20 分钟；把米粒和烤纸拿走，再烤 10~15 分钟，直到边缘金黄就好了；

[4]
挞坯烤好取出备用。

填馅

[1]
混合白砂糖和软化黄油，搅拌至发白后，一个个加入鸡蛋，然后加入杏仁粉，最后加入杏仁酒；

[2]
在挞坯里均匀填上馅，抹平，上面撒上一层松子仁，再均匀地撒上一层糖粉。入烤箱，160℃，烤 45~60 分钟。

圣诞家宴食谱 3
延续传统的圣诞菜谱

（适合 4-6 人家宴）

·前菜：洋蓟奶油浓汤

Appetizer: Artichoke Cream Soup

·主菜：烤牛肉配秋葵佐以原味浇汁

Main Dish: Roast Beef Ribs and Okra with its Own Jus

·甜点：树根蛋糕（简易版）

Dessert: Bûche de Noël

前菜
洋蓟奶油浓汤

Artichoke Cream Soup

准备时间: 5 分钟 烘焙时间: 1 小时 30 分钟

—— 原料 ——

· 6 个大个洋蓟;
· 30 克黄油;
· 3 杯热水;
· 3 杯高汤;

· 4 个土豆(切成小块);
· 125 毫升鲜奶油;
· 少许盐和胡椒。

—— 做法 ——

[1]

处理洋蓟:剥去洋蓟坚硬的外皮
(这个过程有点像剥春笋),对
半纵切;

[2]

汤锅内放入黄油,融化后放入洋
蓟,待洋蓟均匀裹上黄油后,加
入热水和高汤,盖上盖小火煮
40 分钟;

[3]

40 分钟后,加入土豆块,再同
煮 30 分钟左右;

[4]

用手动搅拌器将锅里煮熟的原料
打成均匀细致的糊状;此时可依
据自己喜好的浓稠度加入适量高
汤;

[5]

再次煮开后离火,加入鲜奶油,
搅拌均匀,用盐和胡椒调味即可。

主菜
烤牛肉配秋葵佐以原味浇汁

Roast Beef Ribs and Okra with its Own Jus

准备时间: 30 分钟 烘焙时间: 1 小时 20 分钟

原味浇汁: 将烤肉与蔬菜从烤盘中取出后, 烤盘内会有不少肉汁。将烤盘重新放在火上加热, 烧开后加入少许白兰地, 再加入适量面粉, 调成稀稠合适的浇汁即可。

古埃及人坚信, 秋葵会给牛羊肉类菜肴带来异香。

—— 原料 ——

· 1 公斤土豆, 切成滚刀块;
· 半杯橄榄油;
· 2 公斤烧烤用整条牛肋排;
· 20 个秋葵;
· 半杯迷迭香。

· 一把小胡萝卜 (如买不到, 可将买到的胡萝卜切成中指般大小的长条);
· 少许盐和胡椒;
· 1 头大蒜, 切碎。

—— 做法 ——

[1]
煮土豆, 开锅后 10 分钟关火;

[2]
将一半橄榄油、大蒜、迷迭香和盐、胡椒混合, 均匀涂在牛肉上, 入味半小时 (或更长些); 与此同时预热烤箱 220℃;

[3]
将土豆、秋葵和胡萝卜铺在肉下, 并浇上剩下的橄榄油和少许盐和胡椒, 放上入味的牛肋排, 放入 220℃烤箱烤 20 分钟 (这个高温过

程是为了让牛肉形成一层迷人的蜜糖色);

[4]
20 分钟后, 将烤箱温度调至 180℃, 再慢烤 30 分钟;

[5]
关火, 让烤牛肉在烤箱的余温里再静置 10~15 分钟;

[6]
吃时, 将烤肉沿骨头切开, 并配以烤熟的蔬菜。

准备时间：30 分钟　制作时间：45 分钟

＊在十九世纪，每家都会提前准备一个树根蛋糕，在圣诞前夜放置在炉火上，整夜烘烤。人们也在炉旁守夜。可以说，树根蛋糕是最有圣诞气氛的甜点了。为了让下厨者尽快加入庆祝的行列，就介绍一个简易版的做法（不用自己从零开始做蛋糕卷，甜品店里买个现成的就行）。

———— 原料 ————

· 一个现成的夹馅蛋卷（足够一家人吃的量，一个不够就买两个）。

巧克力黄油酱

· 5 个鸡蛋蛋白，室温；
· 150 克细砂糖；
· 三分之一杯水；
· 220 克黄油（切成小块，室温）；
· 85 克隔水融化的巧克力（巧克力隔水融化法可参考"罂粟籽"一文）；

· 3 克塔塔粉（cream of tartar），如果没有，用鲜榨的柠檬汁也可以，如用柠檬汁，应是 10 克左右的量。

———— 做法 ————

树根蛋糕

[1]
将现成的蛋糕卷放入冰箱冷藏；

[2]
用电动搅拌器打发蛋白，不要过度，直到蛋白变成云状般柔软，并略泛黄即可；

[3]
将热糖水一点点浇入打发的蛋白中，将电动搅拌器转为中速继续搅拌；

[4]
用电动搅拌器中速不停搅拌，直至搅拌盆底温度降低（这个过程大约15~20分钟）；

[5]
一点点加入黄油，当黄油全部搅匀后，放入放冷的融化的巧克力；

[6]
巧克力黄油酱的制作过程中，低温非常关键，如果太软，也可以在搅拌盆下放一个盛有冰块的盆，保持低温搅拌，直到巧克力黄油酱成为可以抹在蛋糕卷上的硬度；

[7]
将蛋糕卷从冰箱里取出，两头各切下一块，用巧克力黄油酱粘合在蛋糕卷不同位置，做出树根造型；

[8]
将巧克力黄油酱均匀地抹在蛋糕卷上，然后用叉子纵向画出树干的纹路；喜欢的话，还可以在上桌前撒上一层糖霜。

春日明媚

去野餐

西葫芦沙拉 / 红菜头松子藜麦沙拉 / 芦笋土豆烘蛋饼 / 浆果拼盘

Zucchini Salad / Quinoa Salad with Beetroot, Pine Nut and Herbs / Baked Potato and Asparagus Egg Pie / Berry Platter

我们为什么喜欢野餐？这还用说吗——因为食物在阳光照耀和微风吹拂下会变得更加美味——当人们被春光熏得陶然沉醉，什么吃起来都会更加鲜美可口。

小时候每到春天，爸妈都会约上友人们到运河边踏青野餐，大家都是骑着自行车欣然前往。车筐里、后架上驮满了好吃的，各位父亲的自行车大梁上则坐着我们这些调皮的小朋友。到了郊外运河边，大家分头升火，点火锅，并摆上涮肉原料。不一会儿，就可以围坐一起，边涮肉边聊天了。幼时和家人的各种野餐经历让我体验到了在天空下、林野间进餐的无比快乐，也让我成为了一个野餐爱好者。

自从有历史记载开始，牧羊人，旅客，拓荒者，猎人就已经以天地为餐厅，开始在户外就餐了。远古时的"野"餐是人们的一种本能选择和原始需要。衣食日渐丰足之后，野餐才从维生手段变成了一种生活和社交方式。

一种以"冷餐"为主，狩猎后在户外聚餐的形式早在公元 1300 年左右就开始盛行了。打猎后大家分享各种家禽肉派和烤过的肉类，这就是现代野餐的前身。萨瓦兰（Jean Anthelme Brillat-Savarin）笔下的狩猎野餐让人为彼时的原始粗犷之美震撼：

"……马车门一打开，随之倾泻而出的是佩里戈德地区（Perigod）的各种特产，斯特拉斯堡的名物，知名餐室出品的美味，还有上好香槟……大家坐在草地上大啖美食，但见木塞飞舞。我们聊天，大笑，无所顾忌地开着玩笑。因为此刻天地便是我们的餐厅，而太阳就是我们的光亮。比起密闭的小屋子(不管它被装饰得多美)，这般情景更容易使人胃口大开。"

打猎后的野外聚餐是庆祝收获的仪式，更是对团体精神的颂扬，这时候天地间搭桌共饮就更带有荡气回肠的恢宏气势。这在郎世宁笔下的《狩猎聚餐图》中也有描绘，画中围猎归来的乾隆皇帝回到营地，等待将士们剥下鹿皮，开煮猎物，随后一起享用战利品。

"野餐"一词据说源于法语 pique-nique 一词，特指一种最新的聚会形式，即要求参加聚餐的宾客自带食物和美酒，以减轻主人备餐的繁琐工作。后来才逐渐演变成一种户外就餐聚会的形式，并在18 世纪末期开始传用开来。

1793 年法国大革命后，所有皇家公园都对公众开放，大家可

《狩猎野餐》（1858）
居斯塔夫·库尔贝（Gustave Courbet）
（1819-1877）
（德国瓦尔拉夫 - 里夏茨博物馆，科隆，德国）

野餐起源于狩猎。途中随走随歇，且吃且喝。在地上铺块毯子，就可以开始享受野餐了。18 世纪时的画作中，野餐大都与狩猎有关。

以尽情地在昔日皇宫贵族专享的草地上野餐，这大大加速了野餐文化的普及。当时就连关闭着玛丽·安托内特（Marie Antoinette）这样的政治重犯的巴黎古监狱（La Conciergerie）里，也特意在犯人放风的庭院里设了个野餐用的石头桌子，可见野餐之风的盛行。尽管英国人不愿承认，但当时凡事以巴黎时尚为风向标的伦敦人也开始创立富有英伦特色的"野餐社团（Picnic Society）"。狄更斯（Charles Dickens）和本内特（Arnold Benette）都是社团的积极参与和推广者。可其实他们忘了，来自本土的"侠盗罗宾汉"也是野餐爱好者，他经常和兄弟们围坐树下分享面包和奶酪，还有伊丽莎白时代的各种乡间聚会、维多利亚女王时代的户外野餐均是体面又重大的欢庆活动。

人们在大自然的环抱中野餐是为了亲近自然——草木精华，温暖的阳光和和煦的微风能让都市人彻底放松。这在19世纪印象派画家的笔下被描绘得十分生动。爱德华·马奈（Édouard Manet）创作于1863年的倍受争议的名画——《草地上的野餐》，虽然画中正视观者的女性裸体让拿破仑都"厌恶地掉过头去"，可她和自然浑然一体的清新气息与野餐精髓是如此契合，让人感到"阿卡迪亚"

在当年关闭政治重犯的巴黎古监狱（La Conciergerie）里，庭院里的这张石桌，就是特意为犯人们设置的野餐桌。

（田园生活）就近在身旁。克劳德·莫奈（Claude Monet）两年后也画了幅同名的油画，画中描绘都市人在森林里享受身心放松和简单生活的快乐，画的前景处还特意给观众留下一席空地，让人想纵身入画参加这场野餐聚会。雷诺阿（Pierre-Auguste Renoir）的《船上的午宴》，画的也是野餐主题，画中描绘了饱尝普法战争之苦的人们，终于在乡间野外找到了喘息的机会。此时正是摩登生活（La Vie Moderne）的开始，人们尽情地尝试着各种日常生活外的极致，没有什么比野餐更自然，更能抚慰心灵的体验了。时至今日，当春天第一缕暖阳刚到，所有公园的草地上，河边的堤岸上，街心广场的长椅上就会坐满欢天喜地前来野餐的人们，每个人的脸上都充满陶醉幸福的神情，他们的每一寸皮肤都在用力吸吮着太阳的热量。

一个人的野餐放松有趣，和家人朋友一起野餐更是分享情谊的一桩乐事。西方文化中的野餐就是与亲朋享受当下自然的馈赠。在日本有些地方，每到春天，人们相邀樱花树下野餐则是为迎接山神回归田野，也就是和神明共享春色。中国传统习俗在清明祭祀时吃"寒食"，这是生者和先人共进的野餐。这一天，人们在清水扫洒过的先人墓碑边，摆上鲜花，摊开薄毯，就如袁景澜《寒食》一诗中咏颂的一样："田家墓祭无多品，烧笋烹鱼酒一卮"。轻食简餐先人不怪，重在一家人围坐一起，追古缅今，把祭祀食品当作"福根"分而食之。

野餐让人如此着迷，这与其特有的形式感有关，这里面包括野餐时的娱乐和游戏以及野餐装备。中古时代开始，不分中外，野餐时就不可缺少音乐。贵族们的户外野餐必有乐师和舞者凑趣，美好景象也会激起宾朋即席咏诗的雅好。英国爱德华时代野餐不可缺少

的余兴节目就有门球、纸牌游戏和歌咏。

在中国，各个朝代都有野餐时专有的雅兴节目。始于清朝的画舫之游可被视作趣味独具的"水上野餐"。春光中，"画舫在前，酒船在后，篙橹相应，放乎中流"，再加上"诗牌酒盏筵"，多应景有趣。到了民国，文人们踏春赏景时的野餐更是多有佳话传世。沈复《浮生六记》卷二《闲情记趣》中写道，因想"对花热饮"（赏花时吃热食喝热好的茶、酒），遂想出请来集市上卖馄饨的鲍姓师傅，在大家赏花时代为现煮馄饨。是日，馄饨煮好，茶水也滚开，这时宾客相邀柳树下团坐，开始"坐地大嚼"。就连谈吐不俗的馄饨师傅也被邀请加入到野餐中，"杯盘狼藉，各已陶然，或坐或卧，或歌或啸"，真可谓众乐融融。

娱乐和游戏之外，野餐的重头戏还包括装备和各种美食。应景的野餐装备肯定要有各款野餐箱。写于永享三年（公元 1431 年）的日本古籍《看闻御记》中记载了室町时代宫中贵族游山时携带的"游山箱"，从那时开始这种日本传统木作的三层野餐匣子就成为小朋友（甚至是成人）在游山时携带野餐小食的首选，三层抽屉里每一层都装着妈妈亲手做的美食。

最享有盛名的"爱德华野餐箱"（Edwardian Hamper）更是户外就餐运输食物的首选。《唐顿庄园》第四季的野餐场景中登场的一个个硕大的野餐箱就是其经典代表。剧中需要两名身体强壮的男仆合力才能搬运的野餐箱里，标配着 6~8 人份的骨瓷茶具餐具，水晶酒杯，手织厚毯，不锈钢刀叉和开瓶器。就连分装食物的小盒都配上了对应的颜色，气派又巨大的野餐箱里装尽天下美食。时至今日，爱德华野餐箱仍颇受追捧，英国皇室指定美食店富南梅森（Fortnum and Mason）仍提供这种配好食物的野餐箱，其中最贵的是标价 1000 英镑的"圣詹姆士野餐箱"。里面的美食清单让人垂涎欲滴："橄榄，阿波罗水果蛋糕，奶酪饼干，黑松露油，瓷罐装香草，胡椒，海盐，鱼子酱，杏仁水果，鹅肝冻，香橙酱，司提顿（stilton）奶酪，玫瑰花瓣冻，皇家三文鱼，高地威士忌和数款香槟，红酒"。

我的英国朋友对这种老式又昂贵的野餐箱抱观望态度，他们认为只有钱多得花不出去的外国人才会去买。对我来说，与箱子里的美食相比，镶着真皮把手的柳条筐更吸引我，因为它特别适合野餐这个复古又常新的仪式，所以我也常用一个柳条编成的小巧的野餐筐。提着它去公园野餐的路上，我总是心花怒放，连脚步都会轻盈许多。

万事俱备，可人们仍然对如何计划一次完美的野餐抱有不同想法。有人喜欢即兴准备，有人则一定要事先完美计划，两种不同的计划带有各不相同的野餐特色。

即兴准备其实就是"零准备"。一觉醒来日上三竿，天气晴好，为了不辜负大好时光，赶紧出门才重要。我经常会临时起意，来一次"即兴野餐"。家门口面包店里买上根刚出炉的法棍面包，路过市场，在熟食铺子里切上几片火腿，来一沓意大利香肠（salami）；意大利食品店里小盒装的各款开胃菜最适合野餐——拌洋蓟，各色橄榄（最好吃的当属 kalamari 大粒橄榄，咸味足还越嚼越香），油浸半干蕃茄，甚至可以再来点塔布勒沙拉（tabouli）。如果想来个全套的野餐，那就在对面蔬果摊上买几个熟杏和几盒草莓。喜欢吃甜点，就在点心铺子里顺便捎上几个杏味的费南雪（apricot financier）。轻车熟路，转眼间就备齐了野餐美食。我特别喜欢这种零准备随意型的野餐，因为这大大提高了野餐的随意和可能性。当然，这种轻松收获到各色完美野餐小食的办法要取决于你居住的城市。遍布巴黎城区的市场和鳞次栉比的特色美食店真的是"即兴野餐"爱好者的坚强后盾。

如果没有这种福利，那就自己准备完美野餐吧，这个过程也延长和丰富了野餐的幸福感。我最难忘的一次野餐是和先生开着露营车环游澳洲时的经历，我们从悉尼出发，南下墨尔本和托基（Torquay）海滩，纵穿澳洲南部后沿海岸线一路向北开到北海岸（North Coast），在抵达海豹礁（Seal Rocks）时行程正近一半。那里住着我先生冲浪时结交的很多朋友，大家约好休整后一起去海边野餐。抵达野餐地点时已近日落，朋友们带着大把的尤加利树枝，说话的工夫众人已经将篝火在沙滩上升了起来。然后有人架烧烤炉，有人在篝火上横架起一口厚底铸铁锅，同行的孩子们在大人的带领下开始在浅滩的沙子里挖圆蛤，不一会儿就挖了小半桶，清水浸泡后再冲洗滤沙子，然后放在篝火上烧开的厚底锅里烧熟。这时，烧烤炉上牛排、香肠和玉米也都烤熟了。海风送来的清凉里，大家围坐在篝火旁边吃晚餐边聊天，并看落日眨眼间沉入海中。饭后，朋友们各自拿出心爱的乐器：尤克里里、吉他和口琴，四下静默唯有涓涓音符传来，美好的一幕就此永恒留存在记忆里。

夜色中的海边野餐启发了我，从那以后，我们一家和家人朋友在很多有趣的地方野餐过：朋友海边农场空地上，野餐垫子刚一铺开就有袋鼠蹦过来加入，第一缕朝阳照耀下的塞纳河中心小岛上，秋日长满蘑菇的巴比松森林小径旁，面对勃朗峰的向阳雪场……这些美好的野餐体验让我们得以与大自然更近距离地对话，并能越来越敏锐地捕捉到她捎来的讯息。是野餐让我们在这种交融中关照、体悟人间的情感流动和人与自然的共鸣。

我爱野餐！

《那斯塔西欧的故事之三》（1483）
桑德罗·波提切利（Sandro Botticelli）
（1445-1510）
（普拉多博物馆，马德里，西班牙）

那斯塔西欧（Nastagio degli Onesti）求婚遭拒后，在树林里看到了幻象：一个
骑着马的猎人和他的狗，杀死了一个姑娘。他认为这是拒绝真爱者的后果。
于是，他在户外设宴，席间客人们都看到了同样的幻象。于是大家成功规劝
那位拒婚的女子嫁给真心实意的那斯塔西欧。

文学，诗歌与野餐

12世纪波斯诗人奥马迦音（Omar Khayyam）在《鲁拜集》中歌颂过野餐之乐："树荫下掀开一篇诗章，一片面包，一壶酒香，与君吟唱荒原，荒原即是天堂"。比食物更重要的是彼时的情景。面包与酒，心爱的人，这就是野餐的全部，多一样都不再需要。

相比之下，契诃夫的《决斗》中描写的野餐食物更接近今天人们的口味。每到野餐时，军医官萨莫依连科总是为大家做烤羊肉串和十分可口的鲻鱼汤。"下面，鱼汤已经烧好。大家把鱼汤盛在盘子里喝着。显出只有野餐的时候才会有的那种一本正经的神情。大家都认为他们在家里从没喝过这样鲜美可口的鱼汤。如同野餐的时候常常出现的那种情形，在一堆食巾、纸包、没有用处而被风吹动的油纸当中，谁也不知道自己的酒杯或者面包放哪儿了。他们不小心把酒洒在毯子上，自己的膝头上，把盐撒得满地……"。

著名的经典文学作品《柳林风声》（The Wind in the Willows）开篇，当鼹鼠问河鼠野餐筐里装了什么好吃的时，回答是这样的："冷舌头冷火腿冷牛肉腌小黄瓜沙拉法国面包卷三明治水芹罐焖肉姜汁啤酒柠檬汁苏打水……"这一口气报出的野餐食单很有代表意义，几乎囊括了野餐时人们通常准备的各色小食。

春日野餐食谱

西葫芦沙拉

Zucchini Salad

准备时间: 5分钟 制作时间: 15分钟

这道沙拉做法极其简单, 但味道爽口, 特别适合野餐时清口开胃。

—— 原料 ——

· 2个西葫芦, 刮成极细的长丝备用;
· 一把泡开的葡萄干, 略切碎;
· 欧芹、薄荷和细葱各少许, 切碎;

· 橄榄油、海盐、白砂糖、苹果醋, 两瓣大蒜碾成的蒜泥, 枫糖浆 (没有可用蜂蜜或白砂糖代替)。

—— 做法 ——

[1]

将最后一项原料中的所有原料搅拌在一起, 作为浇汁;

[2]

将浇汁拌入切好的西葫芦丝里, 加入欧芹碎、薄荷碎和细葱碎, 再拌入切好的葡萄干。

红菜头松子藜麦沙拉

Quinoa Salad with Beetroot, Pine Nut and Herbs

准备时间：30 分钟　制作时间：10 分钟

藜麦含有人体必需的氨基酸和多量的钙、磷、铁，被誉为"超级谷物"。是
健康野餐的首选食材。

—— 原料 ——

· 半杯松子，炒香；
· 藜麦 250 克，清水洗净；
· 500 毫升水；
· 一把樱桃西红柿，对切；

· 1 个拳头大的红菜头，切成小
　粒；
· 半个紫洋葱切碎；
· 一把芝麻菜，略切。

浇汁

· 1 个青柠檬和半个黄色柠檬的
　汁；
· 2 茶勺蜂蜜；

· 橄榄油 6 勺；
· 欧芹或香菜一把，切碎；
· 海盐和胡椒。

—— 做法 ——

[1]

藜麦用准备好的清水煮，水开后调
成小火，焖 15 分钟左右关火。锅盖
别开，5 分钟后再打开盖子，晾
凉备用；

[2]

加入红菜头、洋葱、西红柿、芝麻菜，
拌开，再加入浇汁（将浇汁的原料
搅拌在一起即可），搅拌；

[3]

最后加入松子。

芦笋土豆烘蛋饼

Baked Potato and Asparagus Egg Pie

准备时间: 30 分钟 制作时间: 20 分钟

法式烘蛋饼好吃又好做，而且可以提前 1~2 天做好，室温品尝最美味，冷吃也美味。

—— 原料 ——

· 芦笋的嫩尖 10~15 根；
· 一把芝麻菜叶子；
· 1 个大的熟透的牛油果；
· 2 个大土豆（或 6~7 个小土豆），去皮，切片；
· 半杯半干西红柿，切碎；
· 7 个大个鸡蛋＋1 个鸡蛋黄；
· 孜然、海盐、胡椒各少许；
· 半杯橄榄油；
· 香菜碎少许；
· 紫洋葱 1 个，切碎。

—— 做法 ——

[1]
芦笋放在滚开的水中焯煮 2 分钟，马上取出用冷水冲凉备用；

[2]
平底锅中放油，略炒芝麻菜，备用；

[3]
平底锅中炒香洋葱，放入土豆，炒 15 分钟，直到土豆变软。晾凉备用；

[4]
鸡蛋打散，放入孜然、海盐和胡椒调味；

[5]
把炒好的土豆片、芝麻菜和焯过的芦笋放入蛋液，再放入切成大块的牛油果和半干西红柿，拌入香菜。同时打开烤箱的烧烤档(225℃左右)；

[6]
在一口厚底煎锅里放油，倒入步骤 5，煎 10 分钟左右，不要糊锅；

[7]
将步骤 6 放入预热好的烤箱，大约烤 5 分钟左右即可。

[8]
从烤箱取出后，倒扣在一个大盘子里，晾凉切块。

浆果拼盘

Berry Platter

简单又应季的野餐甜点可以考虑各色浆果拼盘，挑上些个儿大新鲜的草莓、覆盆子和蓝莓，洗净后加上些绿色的薄荷叶子，齐了！

古方提拉米苏，

不出门就能身临意大利

古方提拉米苏

Il Tiramisu

"跟我说：Tira-Mi-Su!"我的意大利好朋友马可挥动着手臂启发我。"Tiramisu"，我脱口而出。"哦，不不不，重音要放在后面！就像你一定一定要现在就吃到它一样！" 每次在餐厅点 Tiramisu 时，我总会想到我的意大利好友认真纠正我发音的样子。对他来说，Tiramisu 是让人无法抗拒的美味，所以必须在叫出它名字的时候果断干脆，而且还得带着一丝迫不及待。

提拉米苏是意大利的，更是全世界的。这个四十来年前才被创造出来的甜点已经成为最受欢迎的意大利美食。我时常在脑海里勾画提拉米苏被首次"创造"出来的场景：威尼斯一家热火朝天的厨房里，夏季旅游高峰涌来的食客们吃光了餐厅提前备好的所有甜点，情急之下，大厨把拇指饼干蘸上咖啡再铺上一层放了玛莎拉酒（marsala）的马斯卡彭奶酪，在跑堂服务员的连声催促下，还不忘撒上一层可可粉。

1971 年在威尼斯附近小镇 Treviso 的一家餐厅里，大厨 Loli Linguanotto 的手中诞生了世界上第一份提拉米苏。他的初衷就是做出一道老少咸宜的美味甜点，所以手边的意大利特色美味都占了一席之地：打底用的拇指饼干（savoiardi）是当年为常年出海的人们准备的一种甜点，它拇指般大小，松脆的外层上挂着层晶莹的糖霜，饼干虽小却能经得起海上终日的颠簸；还有浸泡饼干用的意大利浓缩咖啡（espresso），它的香浓味道是人们每日不可或缺的一剂强心针；绵密的马斯卡彭奶酪和用来调味的西西里佳酿玛莎拉酒；当然还有鸡蛋——意大利人普遍认为产自意大利金色热土上的鸡蛋才是最美味的；可可粉，一定要用无糖的那种，这才可以衬出其他材料的香甜。

其实提拉米苏的雏形在 17 世纪就诞生了。那时候人们做出一种名叫 zuppa inglese 的甜点，直译就是"英国汤"（其实并不是汤），因为拇指饼干（或者海绵蛋糕）之间夹着的奶油馅据说是来自英国的配方。在亚得里亚海边的 Emilie Romagne 地区，人们依然遵循几百年前的传统配方，用饼干和掺了 alkermes 酒的奶油，加上甜蛋黄酱和打发的鲜奶油做成"英国汤"，这是用来招待宾客或是庆祝圣诞节的甜品。Zuppa inglese 就是最初的分层蛋糕，一层层垒起美味的做法或多或少地奠定了提拉米苏的风格。

我的意大利朋友马可还告诉我，提拉米苏的精华全在用作夹馅的酒味蛋黄酱 zabaglione（zabalone）里。正宗的提拉米苏里因为放了 zabaglione，所以夹馅的颜色应该是淡淡的鹅黄色。因为制作简便而且美味非常，所以源自西西里的甜点 zabaglione 在意大利随处可见。从甜点店买回家，就着咖啡当早点或者当作下午茶都不错。它还是医生经常开给病人的良方。其实原料很简单，就是鸡蛋黄和糖再加上玛莎拉酒。这种酒味蛋黄酱可以直接作为甜点吃，也可以当作浓稠的甜酒来喝，更意大利的吃法则是浇在熟透的无花果上吃。

提拉米苏好吃而且易做，因为既不需要烤箱，也没有严格的原料配比，操作

过程行云流水，只需将原料层层垒砌，美味几乎天成。还有什么比这个过程更富有意大利风情的呢？——不羁又充满创意。这些材料放在一起是那么诱人，好像在说："Tira-mi-su"，"带我走"。看，就连"提拉米苏"这名字也是水到渠成，得来全不费工夫。意大利诗人但丁说过："我的国家是全世界"。我想借用这位意大利圣贤的话，说"提拉米苏是全世界的"。

时至今日，世界各地的大小餐厅的菜谱上，总会有提拉米苏的身影。这结合着蛋和糖的润，甜酒的香醇，乳酪和鲜奶油的绵密，咖啡和可可馥郁的甜点，让人一勺吃下去就仿佛身在意大利的阳光下了。对了，勺舀下去的时候，应该能感觉到勺子被浓稠奶酪层包裹并牵引，一时间有点拔不出来的意思。这时，正是提拉米苏在轻唤"Tira-Mi-Su!"呢，"带我走，别停！"。那就一勺接一勺地享用，直到吃完碗底里的最后一口。此刻口中甜与苦交融的美味，即是只有提拉米苏才能唤来的天堂般的感受。

像红衣主教一样
享受食疗的神奇功效

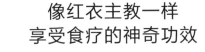

　　几百年来，没有一本烹饪书像《烹饪艺术集》（*The Opera of Bartolomeo Scappi- The Art and Craft of a Master Cook*）一样，为无数专业大厨和喜爱烹饪的人们带来灵感。作者斯嘎皮曾经是西班牙皇帝卡洛斯一世的专属厨师，后来教皇庇护五世利用自己的影响力，将他收编为自己的专属厨师。书中不仅有详尽的菜谱，同时还包括了厨房用具的使用方法和各种烹饪方式的讲解。《烹饪艺术集》被称作西方世界第一部真正意义上的烹饪书籍。

　　这本书里还专门收录了为病人写的食疗菜谱——218道菜，汤，鱼肉，果酱和甜品，可谓品种繁多。其中专为病人设计的"酒味蛋黄酱（zabaglione）"就和提拉米苏里所用的原料非常近似："6盎司米兰杏仁，在冷水里泡8小时，这样杏仁会更好看也更美味。去皮后榨浆，与去过油的鸡汤打成奶糊状，随后加入10个蛋黄，6盎司甜口白葡萄酒，4盎司细砂糖，1/8盎司肉桂和些许玫瑰水，然后过筛。在铜锅里隔水加热，直至变稠，同时用银勺或木勺不断搅拌"。

　　斯嘎皮显然对自己的食方非常自信，"我已经向众多先生们证明了我的食谱的功效，特别是为长期抱病的红衣主教（Cardianal di Carpi）带来的福音"。

古方提拉米苏

Il Tiramisù

准备时间：20分钟 制作时间：25分钟

原料

可以用各种烘焙用的小罐，或者小号的密封玻璃罐来盛放提拉米苏。以下材料可以做 5 罐如图大小的提拉米苏。

· 28 块拇指饼干；
· 250 克鲜奶油；
· 550 克马斯卡彭奶酪；

· 2 个鸡蛋清；
· 可可粉。

咖啡糖浆

· 两大勺意大利浓缩咖啡粉（espresso，一定不能用速溶咖啡粉，味道上会大打折扣）；
· 200 毫升沸水；

· 40 克白砂糖；
· 70 毫升玛莎拉甜酒（没有的话可以用杏仁甜酒替代）。

酒味蛋黄酱

· 2 个鸡蛋黄（因为是生食，所以用质量最好的鸡蛋！）；
· 40 克白砂糖；

· 30 毫升玛莎拉酒；
· 1 茶勺玫瑰水（rose water，没有的话用清水即可）。

做法

[1]

将鸡蛋和白砂糖搅匀，用隔水加热法加热；加入玛莎拉酒和清水不断搅拌，直至稍微黏稠，离火后迅速放入冰水中降温，一边不停搅拌，直到变成蛋黄酱的浓稠度。放一旁备用；

[2]

用沸水沏开咖啡，加入白砂糖加入酒，晾凉备用；

[3]

混合鲜奶油和马斯卡彭奶酪，加入酒味蛋黄酱；

[4]

打发蛋清至半发泡（棉花糖状），分几次加入步骤 3 中。制成奶酪夹馅；

[5]

用饼干浸上咖啡，两面都浸一下，略软即可，放在容器底部。然后加一层奶酪夹馅。再铺另一层浸过咖啡的饼干，再加一层奶酪夹馅；

[6]

放入冰箱冷藏 4 小时左右，隔夜味道更棒；

[7]

吃的时候撒上可可粉（一定用无糖的，最好是荷兰产的可可粉）。

是美食，更是史诗

巴黎市场的

前世和今生

法式洋葱汤

Traditional French Onion Soup

/ 曾经的巴黎中央市场（les Halles）。钢铁结构寄托了人们对现代性的向往，庞大的市场规模也表达出人们对经济繁荣和物品丰富的自信。

　　美食作家彼得·梅尔（Peter Mayle）说，法国人爱吃懂吃得归功于大自然。在一份最好的庄稼、家畜、野味、海鲜和葡萄酒产地名单上，绝大多数的产地都在法国。春天的芦笋，秋天的蘑菇，冬天的松露，夏季的浆果——把这些四时美味汇聚在一起，再送上寻常百姓餐桌，就少不了市场的功劳。想要了解法国美食之源，最直接的办法就是参观市场。

　　所以我当然要去 Rungis 市场一探究竟。Rungis 是世界最大的食品批发市场，也是"巴黎的肚肠"。市场在巴黎城外 7 公里处的近郊。早上不到 4 点半，我就搭乘市场大巴奔向 Rungis，大巴在夜色中悄无声息地驶过巴黎城区，向奥利机场方向开去，不到一刻钟就到了。天色尚早，虽然一时看不出市场的整个轮廓，但从入口处到海鲜大厅的路上，我已经能感觉到这个市场就像一个微型王国。

因为海鲜大厅的营业时间是凌晨两点到六点，所以参观第一站就是海鲜大厅。硕大的大厅里有 5 米高的垂直制冷装置，所以一进门就如同置身冰洋。56000 平米的大厅里，目之所及全是高高摞起的冰鲜盒子，这冰鲜盒子里面放着各色贝类鱼鲜。它们在夜里从法国和世界各地被送抵市场，分类定价后，被摆放在特制的薄片冰上等着买家挑选。和市场里其他时鲜食材一样，这一箱箱海鲜会在一早出现在巴黎的大小海产市场和美食餐厅。

海鲜市场之外，Rungis 的食品销售还有其他 4 个区域：肉类，蔬菜水果，奶酪熟食和鲜花大厅。12500 平方米的蔬菜大厅（这样的蔬果大厅有 9 个！）里最有气势的装饰就是装满新鲜蔬菜水果的各色纸盒，一排排摆放整齐，一眼望不到尽头。这里每年蔬果销售量有近 80 万吨。

　　肉类区的 5 个大厅里最有趣的是挂满整只牛羊的肉铺专供区。整头牛交易的话，牛肉的卖价是每公斤 6.5 欧元。家禽和野味厅里出售包括法国骄傲的"黑脚布雷斯鸡"和长着鲜艳羽毛的各种珍禽，一箱 4 只的布雷斯鸡也才卖 10 欧元一公斤。内脏下水厅里售卖你能想到的各种边角料：小牛头（最后半打小牛头就在我们参观的当口被英国一家食品公司订走了），母牛乳房，各种下水和杂碎肉冻。市场所有肉类的年销售总额近 30 万吨，但相比这巨大的销售量，即将上市的各种冬季节庆野味（比如来自北欧的公鹿），才更让肉制品从业者激动和自豪。

　　市场里的奶酪和熟食品区是世界同类市场里面积最大，品种最全的。这里可以买到 400 多种各色奶酪，以及黄油、鸡蛋、鹅肝、橄榄等各色熟食。市场里弥漫着软硬奶酪，尤其是蓝霉奶酪特有的气味，特别让人陶醉。

Rungis 占地面积超过 600 英亩，比摩纳哥公国的总面积还大。市场里有 1200 家公司，近 12000 名从业者，每年的盈利在 70 亿欧元。市场里还有 17 家餐厅，每天用市场里的时鲜，犒劳在这里起早干活的人们。

尽管 Rungis 是世界最大的市场，可"巴黎的肚肠"这个称谓却曾属于一千年前 Rungis 市场的前身——巴黎中央市场（Les Halles）。这座已经从人们视线中消失的宏大市场建筑群，却仍让我神往。

12 世纪时，"胖子"国王路易六世提议在巴黎修建中央市场（Les Halles），并按出售商品不同，分作四个区域（这个分区的传统至今仍在 Rungis 市场里沿用）。下一任国王路易七世下了诏令，敕建中央市场，从此中央市场的地址便是定了下来，它就设在巴黎的市中心。路易八世时的中央市场则作为最佳舞台，将中世纪的狂欢推向了顶峰，

这个融合老百姓欢愉和庆贺的市场像是专为巴黎的流行文化而设，在中世纪宗教组织的禁锢下宣扬世俗的快乐。市场里聚满了各色人等，喜剧、杂耍，大篷车上的演员自然而然地成为彼时市场的一部分。大家尽可能地享受欢乐，直到随后的清教运动和城邦战争清扫走一切有碍观瞻的享乐。

　　漫长的中世纪，中央市场一直是人们觅食和社交的场所，食品交易和聚会的欢乐让饱受宗教压力的人们有了珍贵的喘息之机。随后中央市场迎来了文艺复兴的曙光，人文的光辉普照在市场一隅。中世纪时统管市场的大监管（prévôt des marchands）被实力日涨的肉铺老板们取代，后者才是日后布尔乔亚阶层的主力（巴黎摄政时

《中央市场》（1895）

列昂·艾赫米特（Léon Lhermitte）

（1844-1925）

（巴黎小皇宫博物馆）

这幅巨幅油画收藏在巴黎小皇宫博物馆（Petit Palais）里，中央市场繁盛时的景象一目了然。

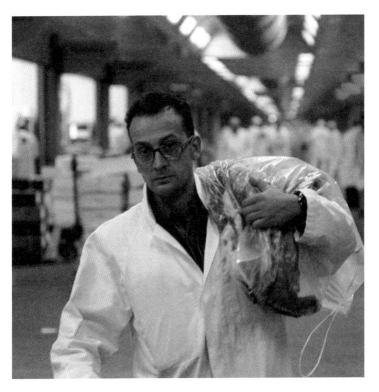

期最豪华的拱廊街 Véro-Dodat 的投资者之一就是肉铺掌柜）。市场上的水上商团办公室就设在现在巴黎市政厅的所在地。巴黎的市政机构雏形就是直接从这个行当中诞生的，由此可见当时商卖和市场发展的蓬勃之势。

中央市场（Les Halles）真正撑起巴黎市中心的位置则要等到拿破仑表决心，他宣布一定要用"新世纪"的标准建设中央大市场。1851~1857 年，他的侄子拿破仑三世诚邀建筑师巴塔尔（Victor Baltard），在巴黎市中心建造了十二幢引人仰望的宏大建筑，这是代表工业时代到来的宣言。难怪自然主义派作家左拉在《巴黎的肚肠》（*Le Ventre de Paris*）一书中把中央市场描述为"巴黎的肚肠"，

《水果摊》（1881-1882）
古斯塔夫·卡耶博特（Gustave Caillebotte）
（1848-1894）
（波士顿美术馆，马萨诸塞州，美国）

榅桲、梨、圣克劳德李子、牛心西红柿和无花果。每样水果都鲜美非常，商贩们自豪又精心地摆放好货品，而画中描绘的 19 世纪时的水果摊的货品摆放方式则一直沿用到今天。

并为市场描绘了生动的画卷："一辆辆满载食物的小车从巴黎四面八方驶来，不久这些食物就会摆上城中所有食品杂货店的货架，再接下来就会出现在巴黎人的餐桌上，菜碗里……"。

中央市场是巴黎的肚肠，更是巴黎的心脏，它的跳动节奏自有一套。市场里错综的羊肠小道上有自己的规矩和守则，这里鱼龙混杂，既有卖苦力挣钱的穷苦人，也有福罗昂（Florent）这样虽在市场工作，却莫名其妙地被卷入到社会政治斗争里的小人物。当然，这里也是见证巴黎"美好年代（Belle Epoque）"和战后复苏的最佳场所。

茱利亚·查尔德（Julia Child）在《我的法兰西岁月》一书中提到凌晨3点酒吧打烊后，和朋友们去中央市场散步，看膀大腰圆的工人们肩扛手提地从卡车上卸下成箱新鲜的蔬果，准备当天的生意。茱利亚会和朋友们在市场边找家开门营业的小馆子，因为没有什么比一碗中央市场边热乎乎的洋葱汤更能给巴黎浪漫长夜画上完美句号的了。曾在凌晨的中央市场闲逛的还有布朗库西（Constantin Brâncuşi），搭着中央市场农夫卖菜车返回市里的宿醉的哈里·科罗斯比（Harry Corsby）。只要是当年在巴黎流浪过的人，他们的回忆录和小说里肯定都有描绘中央市场的片段，因为它不单单是花都巴黎的肚肠，更是20世纪巴黎城市史的重要一章。

尽管从12世纪开始，中央市场就在原址上从未搬离过，可变身成19世纪现代化的宏伟建筑，还是头一遭。中央市场也是见证奥斯曼巴黎规划的实例，这是当时巴黎城里第一座砖铁玻璃和木材混用的宏伟建筑，它标志着19世纪巴黎现代建筑的工业化和标准

图 /Peter Graham

化。与此同时市场成了城市复兴的最好桥梁，用建筑学最常用的词来形容中央市场， 就是"功能决定形式"。市场按贩售食品种类分区明晰，并与街巷纵横连接，形成了四通八达的运输网。

1872 年，当巴黎的人口即将破两百万大关时，当时的城市经济师阿赫曼·胡森（Armand Husson）计算过：巴黎人每年需消耗一百万公斤的固体食物和将近 6 亿升的液体（估计有一半都得是法国红酒！），为了供应这个庞大的胃口，各种食品通过铁路被送达到巴黎市内的八个火车站，然后，4500 辆马车或是手推车再把这些食物分送到巴黎城市的各个角落。

人口增长和需求猛增，使每天进出巴黎市中心获取食物不再符合实际，因为交通拥挤，进货卖货都不方便。于是在为巴黎市民服务了一个世纪之后，中央市场在 1969 年关门，并迁址到了今天的 Rungis 所在地。

"巴黎的肚肠"虽然从市中心搬到了郊外，可市场作为食物的来源和最重要的社交场所，却一刻也没有停歇过。相比集中销售的大型食品批发市场，巴黎最吸引人的街市一景就是散布在塞纳河两岸 20 个城区的大大小小的各色市场。这些市场分为流动市场（marchés volants）和市场街（rues commerçantes）。流动市场的摊贩每周固定几天出摊，他们专门售卖地方特产、蔬果和肉类海鲜。与流动市场比起来，市场街更像是巴黎不可分割的城市景观。顾名思义，市场街就是设有各种食品铺子的街巷，一条市场街走下来，海鲜、禽蛋、肉类、蔬果、鲜花和奶酪都能买全。

　　在我看来，现在遍布巴黎城区里的大小市场都是中央市场的微缩版。就像弗朗索瓦·迪斯波特（Françoise Desportes）说的："一个城市的福祉和名声全仰仗她的烘焙师傅，肉铺伙计和鱼铺师傅"。正是这些市场的从业者给巴黎人的菜篮子带来享用不尽的应季美食，换句话说就是"麻雀虽小，五脏俱全"（比作麻雀，是因为和中央市场比；而实际上，巴黎每个区里的市场规模都不小呢）。

我家附近就有一条市场街，T 字型展开，两端各有百米来长。东西向的一端有两家酒窖，我总去其中一家买做甜点的酒，老板一天到晚醺醺然的样子特别像 "Black Books" 剧中的掌柜。别看有些心不在焉，他总能神速地在"酒海"里一下就找到我要的酒；酒铺旁边就是家有机食品超市，再过去是一连三家水果蔬菜铺子。每家都把最应季最美的蔬菜水果放在临街的大桌子上，这家把橘子搭成一个个金字塔型，那家把新上市的蘑菇摊开，再放上一个个迷你的小动物雕塑和落叶，使蘑菇一下就沾染了森林的"仙气儿"。这还不算，每家蔬菜铺子前都有位嗓门奇大，表演功力非凡的吆喝能手，他们那带着歌剧腔调的吆喝此起彼伏，你消我涨。虽说彼此较着劲儿，可吆喝起来都是互相调侃的架势，听着特别有趣。

　　三个蔬果摊的对面是一线排开的一家大型海鲜铺子和两家肉铺。海鲜铺子分里外两间，临街堆满冰块的摊位上豪气地摆满几十种虾类、贝类、螃蟹、海胆和各种叫不出名字的海中珍宝（毫无疑问，它们都是一早从 Rungis 进的货）；里间的铺子则更像水族馆，入口处的水缸里有生猛龙虾，它们在微蓝的冰水里自由游动，摊位上白花花的冰片做底，上面摆满了叫得出和叫不出名字的鲜鱼，足有数十种！整条的，切成鱼片的，粉色白色银色灰色。一个个瞪着鼓眼睛的硕大鱼头，气宇轩昂地被陈列在柜台一侧，这卖鱼留头其实是暗示着鱼的新鲜和鱼铺的好生意。

　　飘着大海味道的海鲜铺子旁就是两家挨着的肉铺。肉铺的外售柜台设有烤鸡炉，烤架上金黄流油的烤鸡和铺在烤鸡下面浸满鸡油的烤土豆，实在让人难抵诱惑。买菜的人们索性买上半只或是整只烤鸡，配上油亮喷香的小土豆，再加上几个大铁锅里做好的现成炖菜，菜买完了，饭食也办妥了。

　　这条短街走到头左转就是市场街的另一端。第一家店专门卖风干香肠、面包和车轮般大小的奶酪。几个葡萄酒桶上搭块红白相间的格子布，就是最有乡土和家庭气息的美食柜台。口味多样的风干香肠被摊主套在高低不同的木棍上，还有一人合拢胳膊都抱不过来的超大酸面包，随卖随切。面包一旁放着一个个摞在一起的轮胎大小的干奶酪，每个都在40公斤左右。风干肠、超大的面包和奶酪，这是多有古风神韵的美食搭配啊！

　　再往前走就是家杂货铺子，卖老布和针头线脑。杂货铺的年轻掌柜总和旁边卖沙拉的摊主闲聊。卖沙拉的摊主是个20来岁的年轻人，我每天都要光顾他的摊，买新鲜绿叶沙拉、牛油果和带着美食协会公认商标的香甜西红柿。马路对面是家花店，老板娘是个泼辣能干的女子，她店里的鲜花总是特别新鲜，品种也独特。每次去买花，她总会挑上三五朵小枝的鲜花，用好看的薄纸包好送给我女儿。

市场街里连在一起的奶酪店、巧克力店还有德国小食店，确保美食家们不但要吃好而且要吃得精妙。这几家店的对面就是我每天买蔬菜和水果的摊位。虽说这摊位在市场的尽头，规模和其他几家蔬果摊差不多，可就是因为浓浓的人情味儿，我每天都要光顾，再和卖菜的伙计们聊聊天。如果带着女儿去买菜，摊位上的葡萄牙大叔总会塞给女儿一盒草莓，一把樱桃或是几个甜杏。

家门口这条可爱的市场街，不但带给我源源不断的美食灵感，也是我乐观从容好心情的补给站。

巴黎市场在源源不断地给人们带来丰衣足食的信心和安全感之外，还是社交的好地点。被市场魔力吸引来的人们情不自禁地爱上这里的色彩、气味和声音，心情愉悦地买菜，聊天，因此市场才是一座城市的灵魂。在这里人们重新又将双脚踏在长出食物的土地上，一个个装满丰富食材的菜篮又把迷你微缩的巴黎市场带回了家。

❧ 美食小百科 ❧

巴黎市内还有很多我喜欢的市场街：我家附近的 Rue de Poncelet 和 Rue de Levis，我喜欢这里浓浓的人情味儿；7 区的 Rue Cler，据说这条市场街上的顾客群是一半外国人一半巴黎人；还有 Rue des Martyrs，站在这条街上可以看到圣心教堂的全貌，美极了。巴黎的市场真是逛不完——这难道不是来花都一游最好的借口吗？

本雅明在对 19 世纪的巴黎一番细致观察后，得出"这座城市没有一座纪念性建筑同文学杰作没有联系"的结论。可不是吗！本文中的"中央市场"就出自左拉的《巴黎的肚肠》。福楼拜的《俊友》中的玛德琳教堂，维克多·雨果的《巴黎圣母院》，季洛杜的《在埃菲尔铁塔上祈祷》，莫泊桑《两兄弟》中的蒙马特高地，雷马克的《凯旋门》和帕特里克·莫迪亚诺的《青春咖啡馆》里描绘的左岸风情和香榭丽舍大道，这些都是文学佳作中活色生香的巴黎。

巴黎市场地图

MARCHÉ D'ALIGRE / MARCHÉ COUVERT BEAUVAU

货品最丰富的市场

最近的地铁站：
Ledru-Rollin，8 号线

　　巴黎 12 区相邻的两个大市场，一个露天（Marché d'Aligre），一个在大棚里（Marché couvert Beauvau）。大棚市场的建筑虽然不如 les Halles 宏伟，可也别有风味。这里的家禽柜台有特别丰富的选择：雉鸡，布雷斯鸡，鹌鹑等等都被收拾得干干净净，还特意留一簇翎毛，显得神气又鲜活。市场里的杂粮柜台出售来自世界各地的种类繁多的粮食。出了大棚市场就是占了三条街的露天市场 Marché d'Aligre，这个露天市场的特点是品种多（尤以丰富的中东美食材料著称），价格超级便宜，而且还设有专门的二手古董市场区（就在 Aligre 广场上）。来这里买菜不但可以一站办齐，最妙的是买完菜后还可以慢慢逛逛二手市场。

MARCHÉ RASPAIL

最容易撞星的市场

最近的地铁站：
Rennes，12 号线

　　巴黎拉丁区 Raspail 大道上的市场，是流动市场（marchés volants），每周二、周五和周日出摊，下午三点左右结束。因为市场地处浪漫的拉丁区，离卢森堡公园也近，在这里买菜时经常可以看到大明星。他们衣着随意，买山货和诺曼底产的野蒜、黑土豆和各种香草。这个市场卖的大都是绿色蔬果和法国各地的地方特产，还有各色野味和海鲜。如果想撞星，或是想买到稀奇的小众食材，这个流动市场是必选之地。买菜饿了，可以在市场里的"美食房车"汉堡店买上一个现煎肉饼汉堡，这是时下巴黎最流行的美味。

MARCHÉ MONTORGUEIL

最享有盛名的市场

最近的地铁站:
Etienne Marcel, 4 号线

　　市场地处巴黎 1 区和 2 区交汇处,这是离原巴黎中央市场(les Halles)最近的市场街,因此颇有些古风。鹅卵石块铺就的小路泛着亮光,路两旁满是点缀在菜店鱼铺之间的各具风格的咖啡厅,再加上市场街里有三百年历史的点心老店 Maison Stohrer,这些都让 Marché Montorgueil 成为造访巴黎市场必经的一站。这条街再向北,就是巴黎的"厨具一条街",喜欢美食的朋友且逛且买,真的会不虚此行。

MARCHÉ COUVERT DES ENFANTS ROUGES

最不像菜市场的市场

最近的地铁站:
Filles du Calvaire，8 号线

　　巴黎 3 区的 Marché Couvert des Enfants Rouges 是巴黎最古老的室内市场。它近邻 12 世纪时圣殿军团的巴黎总部（那时的巴黎还只是沼泽地里分散的几个村落），与炼金术士尼古拉·福莱梅（Nicolas Flamel）的故居只一街之隔。Marché Couvert des Enfants Rouges 的入口特别不起眼，可从市场里传出的阵阵香味还是不会让路人错过。虽说市场里也有卖菜卖花的摊位，可这里的真正特色却是市场里的各种风味小馆，别看都不大，可味道都不错。尤其是一家卖日餐的摊位，因为味道好价格平，曾不止一次上了米其林美食指南。法国大厨杜卡斯（Alain Ducasse）也在《巴黎美食》一书中推介过市场里的美食。

MARCHÉ GRENELLE

最意想不到的开设场所
——地铁高架下的市场

最近的地铁站：
La Motte-Picquet Grenelle,
6、8 和 10 号线交汇处

　　巴黎 15 区的地铁高架桥下，每到周三和周日就成了人们赶集的最佳场所。尤其在阴雨的时候，高架桥成了天然大雨伞，买菜的人们不用仓皇躲雨，尽可以踏踏实实挑选美味食材。参观完埃菲尔铁塔，正好可以坐地铁来这里参观。地铁疾速驶过流淌的塞纳河，地铁桥下又见巴黎人生活的鲜活画卷，多有趣啊！

法式洋葱汤

Traditional French Onion Soup

准备时间：30分钟　制作时间：2小时

茱利亚·查尔德 (Julia Child) 在《我的法兰西岁月》一书中，对中央市场边上那家一年365天营业的"猪脚餐厅 (au pied de cochon)"里的"洋葱汤"情有独钟。"洋葱汤"恐怕是当时市场里卖力工作的伙计们最爱的吃食了，深夜时分累了饿了，市场边上任何一家餐厅都能吃得到热气腾腾的洋葱汤，暖胃又管饱（它还是治愈醉酒的最佳良方）。"洋葱汤"是中央市场的代表，也是支撑起巴黎市场的最温暖吃食。

正宗法式洋葱汤的发源地就是巴黎。棕色略稠的汤头上浮着烤过的酥脆面包块，然后上桌前再铺上一层厚厚的 Gruyère 奶酪丝，放进烤箱里烤一会儿。吃的时候，一勺舀进去，有汤有面包块还有拉长的奶酪丝，就别提多香了。

——— 原料 ———

· 60 克黄油；
· 1500 克洋葱，切丝；
· 800 毫升牛肉高汤（牛肉高汤的做法可见以前文章）；
· 3 根整根的百里香；
· 3 根意大利香菜；

· 2 片香叶；
· 4 片切薄的法棍面包片；
· 160 克 guyere 奶酪削成丝；
· 盐和现磨胡椒各少许；
· 白兰地少许。

——— 做法 ———

法式洋葱汤 ·····

[1]

铸铁锅里放入黄油，融化后放入洋葱丝，盖上盖子慢煮，不时搅一下。15 分钟后（时间以洋葱丝是否变软为标准），打开盖再慢炒 45 分钟左右（其间不时翻动一下洋葱），洋葱变成琥珀色之后，加入高汤，每次加入 100 毫升，加完后略煮使水汽挥发完。然后再重复这个过程，直到 400 毫升高汤全部加完，最后浇上少许白兰地；

[2]

用细绳把香草捆好加入锅中，再加入余下的高汤，加入盐和胡椒调味，烧开后转小火，再煮 30~40 分钟；

[3]

烤箱 200 ℃提前预热 10 分钟，把洋葱汤分放在 4 个汤碗里，汤头上放上厚厚一层奶酪丝，放上法棍面包片，然后再盖上一层奶酪丝。放入烤箱里焗 4~5 分钟，直至奶酪变软变金黄。

波兰的饕餮、饥饿与
美食复兴

发酵黑麦面团汤 / 波兰奶酪蛋糕

Polish Zurek Soup / Polish Cheese Cake (Placek Serowy na Kruchym Spodzie)

十几年前的一个风雨夜，我和几十个硕士学生坐了二十多个小时的大巴，从荷兰抵达了波兰小城切实青（Szczecin）。大巴半路抛锚，抢修后继续上路，但还是延误了抵达的时间，也因此没赶上当地政府的欢迎晚宴。大巴停在了漆黑一片的小城中心广场，四下安静极了，所有店铺在这个时间已经熄灯关门，似乎丝毫没有料想到此刻会突然出现一车饿得几乎站不稳的外乡人。突然，有眼尖的学生发现了一家还亮着灯的餐厅，我们一行人赶紧飞奔过去。

正准备熄灯关门的店主人好心地收留了我们，虽然大菜全卖没了，但他自豪地拍着胸口说："作为波兰人，我们总会对突然来袭的事情有所准备。" 不一会儿，一碗碗冒着热气的浓汤就上了桌。我迫不及待地赶紧尝了一口，香浓微酸，汤里面还有大块的红皮腊肠和对切开的煮鸡蛋，真是好吃极了。这是我第一次尝到波兰美食，后来才知道这碗在寒夜给我们带来温暖的汤是波兰"国汤"，叫"zurek"——发酵黑麦面团汤。

时隔多年，我们一家得以再访波兰。出行前我做了周密计划，要带家人尝遍波兰美食。印象里那碗香气扑鼻的 zurek，加上波兰好友妈妈亲手做给我吃的洋白菜肉卷儿、红菜头饺子汤和厚实的乡村奶酪蛋糕……这些波兰美食让我还未上路就已经口颊生津。我还想体验些更有趣的波兰名菜，因为有记载的波兰传统美食可以上溯到一千年前（公元 1112~1116）。一位化名加鲁斯（Gallus Anonymous）的修士开创了波兰美食编年纪录的先河，他笔下记录的宴会和宴飨传统生动有趣。当然还有几百年来在波兰民间流传开来的一首首诱人的美食诗：

　　"节庆狂欢时肥美的公鸡，喂肥的猪仔片下的流油嫩肉。我可不会婉拒烤牛肉，还有秋天那块厚羊肉，或者是小牛肉加上黄瓜沙拉。"（15世纪）

　　到了17世纪，波兰美食有了"食不厌精"的格局：

"烤面包，各式奶油慕斯酱，荞麦粥
和汤；
还有下水；
鹅，公鸡，各种烤肉；
必须配上黄油炖炒火腿嫩蛋；
就连面包奶酪都好吃，
这是阳光下幸福的简餐。"

我的波兰好友曾经送给我一本"波兰人
的美食圣经"——玛利亚（Maria Ochorowicz-
Monatowa）撰写的《波兰饮食》，这是每个
波兰厨房里必备的食谱书。书中记载了让人目
不暇接的传统波兰美食："烤野猪头；用两打
画眉做填馅的烤火鸡；皇室宴会上最受欢迎的
用孔雀脑做的肉酱（准备这道菜必须得备上两
三千只鸟）"。这些当然都是波兰的旧时食制，
现在已不复存在。但是这些美食诗和美食编年
纪录，的确勾勒出一幅生动的波兰美食画面，
画上有比发酵黑麦酸面团汤、波兰饺子和洋白
菜卷更丰富和诱人的美食。

常识里对波兰菜的标签通常是"卡路里超
标的乡下菜肴"。我希望在波兰可以了解昔日
波兰美食的延续。因为对我来说，那些被定性
的波兰菜——发酵黑麦面团汤，沙丁鱼排和红
菜头饺子汤是被改造过的吃食，它们应该是波
兰苦难国家历史的一部分，并不能代表波兰美

食的全部。就像克鲁格曼抨击英国美食曾经一落千丈的罪魁是"过快的城市化"一样，灿烂的波兰美食在一个特定的历史阶段是被一种意识形态强行遗忘的。

历史上的波兰菜系有三个渊源：农家菜，城镇居民饮食和贵族菜谱。传统的波兰美食也极具地域特色，并深受德国、俄国、匈牙利和犹太美食的影响，可以说是种类多样，色彩斑斓。可在连年战争，犹太人大屠杀，特别是苏维埃社会主义政权统领波兰的近50年后（1945~1989），这三条主线已经模糊不清，消失殆尽了。美食图谱上贵族那一支渊源消失自不必说，农民和城镇居民曾经的体面饮食，也因为人们周知的磨难而只剩下"味寡色黯，灰头土脸，让人神伤的流水线食品"。就像这个政权对一切美的、传统的东西进行的加害一样，波兰美食也被人为地改造成划一的吃食：单调的原料，平淡无味、灰暗的菜式，低标准低要求，吃饱就行。难怪当一位波兰名厨被问及如何描述他儿时的波兰美食时，只用了"糊口饭"（survival food）一词搪塞过去。

在波兰美食记忆被强行删除的同时，斯大林在东欧各国用高压手段推进的"集体农庄"政策更是让数百万人死于饥荒。就像《乌克兰拖拉机简史》一书中女主人公娜杰日娜对自己母亲的描写一样，尽管一家人已经远离乌克兰，现居物资极大丰富的西方世界，可母亲的储藏室里还是

"从地板到天花板堆满了食物"：各种罐头、一袋袋的糖、面粉、通心粉、一盒盒麦片和一箱箱饼干，还有床底下滑轮箱里存放多年的一罐罐果酱。这是因为母亲"了解意识形态，她也了解饥饿。在她二十一岁时，斯大林发现可以把饥荒当作政治武器来对付乌克兰富农"，因此即使"母亲在英国生活了五十年也未被忘记"。因为在存满琳琅满目的商品货架的背后，"饥饿依然在游荡徘徊，它撑着骷髅的身躯，睁着空洞的眼睛，伺机而动"。那种对饥饿的恐惧是毕生的。

为了进一步完成自己的宏大计划，1936 年时，斯大林派出亲信阿尔巴尼亚人米高扬（Anastas Mikoyan）去美国考察食品制造业，为的就是重建"苏维埃的味蕾"和塑造"苏维埃人"，要让每个人都能通过罐头食品快速解决进食需要，从而更高效地投入到革命建设中。在美国的两个月，米高扬参观了鱼罐头厂、冰淇淋厂和水果加工厂，并仔细考察了蛋黄酱，爆米花和啤酒的生产。汉堡包也引起了这位观察员的极大兴趣，因为"对忙碌的人来说这真是方便"。米高扬回国后开始着手斯大林委派的任务，他写的《美味健康食品》（*Book of Tasty and Healthy Foods*）一书在东欧各国卖了 8 万多册。

出生在莫斯科，生长在美国的安雅（Anya von Bremzen）（《掌握苏维埃美食烹饪的艺术》一书作者）和母亲用了一年时间重新还原并改进了米高扬书中的部分食谱。在社会主义政权倒台的二十来年后，这本书的出版勾起了诸多东欧国家读者的"缕缕心酸之情"。因为"幸福的食物记忆总是相似的，不幸的食物记忆却各有不幸"。对这些经历过饥荒、运动的人们来说，食物总能最直观地描述出极权国家的内政，并且记录着人们是如何忍受当下，展望未来以及感怀往昔。

　　1989 年之后，犹如从一场漫长的荒诞睡梦里猛醒般，波兰首都华沙一夜间冒出了很多装腔作势的法国餐厅，当然还有比这数量多上一倍的必胜客和麦当劳。可渐渐的，波兰人不再满足于那些"几乎法式的"，或"差不离儿意大利式的"嫁接外来菜，波兰美食振兴运动一触即发。中小城市的小吃店（karczma）里撤走了"波兰式汉堡"，并开始给食客提供各种波兰传统汤菜配黑面包和酸黄瓜。近些年来，越来越多的波兰本地厨师开始回归，在全国范围内开始了一场波兰美食振兴运动。华沙和格但斯克最时髦的餐厅不再只提供名字拗口的法国美食，他们用 szmalec 代替黄油，这是一种抹在面包上吃的，用猪肉肥膘炼的

肉糜，是地道的波兰乡间的家常美食。

更多的年轻厨师也加入到这场美食回归和振兴的运动中。他们在森林、河边、祖母的食谱中发现那些被遗忘的波兰特产原材料：产自波兰南部山区的羊奶奶酪，十来种发酵蜂蜜，用本地鲱鱼做的塔塔酱，包着鸭肉和紫甘蓝馅、再浇上橙子黄油汁的波兰饺子（perogies）。

这场美食的回归在女作家安妮·阿普尔鲍姆（Anne Applebaum）撰写的波兰美食书《来自波兰乡村厨房》（*From a Polish Country Kitchen*）一书中，被具象的诗意语言和如画的波兰菜谱推向了另一个高潮。安妮用最新鲜的当季原料和现代烹饪方法重现了一个世纪前的波兰美食，这位因《古拉格———一部历史》而摘获普利策大奖的知名作者，和波兰外长丈夫在波兰乡下的别墅厨房里，一道道捡拾起被遗忘的波兰美食。当这些昔日的讲究菜肴以最尊贵的姿态再现在餐桌上时，那些带着"流放"和"糊口"标签的菜式终于可以从人们视线里淡出。这是对一个年代终结最好的告别，也是对波兰美食振兴的最有力的宣言。

这次华沙之行，我们幸运地做了回波兰美食振兴运动的亲历者。在华沙的一周，我们遍尝各种波兰美食。小吃店里的"zurek"，汤头酸咸可口，一勺下去满是红皮腊肠和豆子；还有农夫市场里的美食摊位上热乎乎的牛肚汤，微辣的汤里有捞不完的煮得绵软欲化的牛肚，配黑面包吃熨贴又美味；城东北老区布拉格（Praga）交错的小巷里，一家怀旧餐厅的红菜头汤波兰饺子，镶满奶酪和肉馅的雪白的饺子浸在紫红色的红菜头汤里，色泽美，口味也好；还有皇宫

广场边充满旧时波兰皇室遗韵的城堡餐厅，餐厅的高窗外是静静流淌的维斯瓦河，餐厅内部精美的装潢让人惊叹不已。这家餐厅的波兰小牛肉卷儿特别有名，薄切的鲜嫩小牛肉裹上火腿、洋葱和各种香料，先煎再炖，配上肉汁来吃，相得益彰。

感谢"慢食运动"在波兰的兴起，在华沙的波兰首家米其林一星餐厅 Atelier Amaro 用餐时，我尝到了各种"失而复得"的波兰美味食材：茅香草、鹿角漆树汁、野樱桃、婆罗门参、沙棘、温饽、珍珠鸡和野猪肉。大厨曾经在世界知名餐厅 El Bulli 工作过，所以他用现代手法烹饪的波兰美食清淡味美，看着是幅画，吃在嘴里回味悠长，像是一首慢板的波兰玛祖卡舞曲。用餐过后，大厨前来寒暄，我们聊起波兰美食的回归，他不无感慨地说："我们虽然停下那么多年，但醒来后就在一刻不停地捡拾起过去的美食记忆，像拼图一样还原着波兰美食。那些离开祖国多年的波兰人，常常会为出

现在餐盘里那些自己小时候吃过的原料而感动不已"。

　　我的华沙之行虽然结束了，但这个跨越十年的美食之约却让我感慨良多。从十年前雨夜的那碗"zurek"到今天米其林餐厅的"婆罗门参慢炖珍珠鸡"，我被波兰人骨子里的热忱善良和他们坚定的复兴美食的热望感动着。这次跟波兰厨师学会了 zurek 的正宗做法，我准备在日后的家宴里，亲手为我的家人和朋友们端上这样一碗热气腾腾的浓汤，再和他们聊聊真正的波兰美食。

❖ 美食小百科 ❖

装满丰盛食物的储藏柜

　　让我们来看看几百年前波兰农民，或是日子过得舒坦体面的贵族，在他们的食品储藏柜里都有些什么吧。玛利亚（Maria Lemnis）和亨瑞克（Henryk Vitry）合著的《厨房和餐桌边的旧时波兰传统》一书中有详细的记录："小麦和黑麦粉，干豌豆和扁豆，蓖麻子油，干蘑菇和腌制蘑菇，咸肉，熏肉，猪肉，家禽，冷切肉，猪油，奶酪，黄油，鸡蛋，蜂蜜和蜂蜜酒，装在木桶里的淡啤酒，还有品种丰富的蔬菜：黄瓜，胡萝卜，洋白菜和腌酸菜，芜菁，大蒜，洋葱，小茴香，洋香菜，从家中果园摘得的苹果，樱桃，酸樱桃，李子和广袤森林里四处可见的各种浆果……"。

　　看到这份"柜橱美食清单"时，我正在观看英国 BBC 电视台制作的美食纪录片《回到过去进餐》。第一集讲述的就是英国五十年代时的普通家庭餐桌。受战后物资匮乏的影响，主妇们不但要"凭票采购"紧缺物资（几乎所有食品都需要凭票购买），而且真正买到手的食材，也远远无法满足一家老小的需求。做蛋糕时没有足够的鸡蛋，就需要用"干燥鸡蛋粉"，每天从早到晚的主食都是掺入大量麦糠的"国民面包"（其实这就是今天的全麦面包，因为高纤维，反而成了人们喜欢的健康食品），还有代替黄油涂在面包上的炼制猪油。

　　我想，如果时空可以逆转，那些苦于烹制"无米之炊"的英国主妇们，肯定会向往几百年前物资丰富的"波兰食品储藏柜"吧。

Zurek 发酵黑麦面团汤

Polish Zurek Soup

准备时间：48 小时（提前发酵时间） 制作时间：1 小时

黑麦酸汤

· 4 杯黑麦面粉；

· 4 杯开水。

Zurek 酸汤

· 煮汤用蔬菜：2 根胡萝卜，2 个芜菁，1 个芹菜根，1 棵韭葱；

· 7 杯清水；

· 2 瓣蒜，压成蒜泥；

· 4 个土豆，切成大些的色子块；

· 按每人汤碗里一根香肠的量来算，准备几根法兰克福香肠；

· 两杯黑麦酸汤（原料 / 做法见

上）；

· 水调面糊：1 尖汤勺面粉兑上 4 汤勺水；

· 煮熟的鸡蛋（按每人半个鸡蛋的量煮），煮熟剥皮对切。

———— **做法** ————

黑麦酸汤

[1]

4 杯黑麦面粉和 4 杯开水。大碗里混合黑麦粉和水，盖好盖子，室温里静置 48 小时（或直到面团有明显涨发）。此时加入 1 升清水，等到水完全清澈时，这就是发酵出的酸汤。可放在冰箱里保存一周到十天。

Zurek 酸汤

[1]

在一口大号汤锅里放入煮汤用的蔬菜和水，烧开后改小火煮 30 分钟后加入香肠，烧开后改小火，再煮 20 分钟。取出香肠切成小块。此时关火，用笊篱捞出煮汤用的蔬菜，撇走油花，将汤重新加热；

[2]

加入土豆和酸汤，加少许盐调味。烧开后改小火直到土豆变软，加入水调开的面糊，不停搅动，再加香肠、蒜泥，烧开后改小火略煮。上桌前放上煮好的鸡蛋。也可略加胡椒调味。

波兰奶酪蛋糕

Polish Cheese Cake (Placek Serowy na Kruchym Spodzie)

准备时间：20 分钟　烘焙时间：40 分钟

蛋糕饼坯

- 220 克无盐黄油；
- 150 克杏仁粉；
- 1 杯白砂糖；
- 4 个中号鸡蛋，略搅；
- 2 杯面粉。

蛋糕填馅

- 4 杯奶油奶酪；
- 1 整个鸡蛋外加 3 个蛋黄；
- 80 克融化黄油；
- 130 克白砂糖；
- 一瓶盖朗姆酒；
- 80 克杏仁粉；
- 半个橙子皮削成细丝。

—— 做法 ——

蛋糕饼坯

[1]

黄油切成小块，加入白砂糖搅拌，糖化开后加入杏仁粉、鸡蛋和面粉。直到全部搅拌均匀；

[2]

预热烤箱 180℃。将饼坯擀成不到 1 厘米厚的薄片，放入烤盘中烤至金黄，晾凉备用。

蛋糕填馅

[1]

奶油奶酪里加入白砂糖搅拌，然后逐次加入鸡蛋、蛋黄搅拌（一定要每加一个鸡蛋搅拌均匀后，再放入下一个鸡蛋），然后加入杏仁粉和朗姆酒搅拌，最后放入融化的黄油搅拌。放入橙子丝；

[2]

烤箱预热 160℃，把烤好的饼坯按不脱模蛋糕模子底盘大小切好，放在蛋糕模子底部。放入奶酪填馅后，进烤箱烤 35~40 分钟。

* 晾凉后切开食用。

仿佛从油画中来的

荷兰美食

玛瑞安的豌豆浓汤 ╱ 林堡樱桃派

Marianne's Pea Soup (erwtensoep) ╱ Limburg Cherry Pie (Limburgse Kersenvlaai)

　　抓住夏天的尾巴，我们一家去荷兰最北端与大陆隔海相望的特
塞尔岛（Texel）上度了个短假。小岛地处北海和魏登海的环抱中，
自然环境安宁美丽。岛上放养的羊和居民的数目相当，因为常年食
用海风吹拂的丰草，羊肉味美无双。一周假期里，我们几乎每天都
要点特塞尔羊排大快朵颐。这么鲜嫩多汁，食后回甘的羊肉勾起了
我为荷兰美食"正名"的愿望。

　　在很多人眼里，荷兰和"美食"这个词完全不沾边。当我在阿姆斯特丹梵高美术馆，近距离欣赏梵·高的《吃土豆的人》（The Potato Eaters）这幅画时，尤其能体会到人们对荷兰美食的偏见。画中昏暗的灯光下，一家人围坐在餐桌边准备吃晚饭，桌子上只有一盆刚煮好还冒着热气的土豆，再无他物。与很多名画中的进餐场面不同，画正中那个用后背对着观众的吃土豆的人发出了明确的暗示：这是我们一家的土豆，别人不受欢迎。因为荷兰饮食大多以土豆为主，再加上世人皆知的荷兰人节俭的天性，"吃土豆的人"就成了人们联想到荷兰食物时常用的标签。

《吃土豆的人》(1885)

文森特·威廉·梵·高（Vincent Willem van Gogh）
(1853-1890)

（梵高博物馆，阿姆斯特丹，荷兰）

　　我十几年前刚到荷兰读书时，寄宿在父母的荷兰好友家。夫妇
二人招待我的第一顿晚饭就是被称作荷兰国菜的"酸菜土豆泥配肉
肠"（stamppot zuurkool met rookworst）。夫妇二人在厨房忙了半晌，
菜端上来时我看明白了，原来就是土豆泥酸菜外加几根熏肠，土豆
泥上还插了一面迷你荷兰国旗。别看简单，对于习惯一天只吃一顿
热餐的荷兰人来说，这道菜有主食有菜还有蛋白质，足以满足身体
需要了。而且土豆泥可以根据添加的辅料不同有花样变化，比如土
豆泥里放些切碎煮熟的羽衣甘蓝就是 stamppot boerenkool，而加上胡
萝卜和洋葱就是 stamppot hutspot，再与众不同一些，放些生菊苣，
就是口感有变化的 stamppot rauwe andijvie。归根结底，这"国菜"
本色依然是以土豆为主的农家饭。

　　在荷兰生活时，我品尝过各色各样的荷兰美食：周末露天市场

上，来一份洒满糖粉的 poffertjes——这加了酵母的半发面荞麦小圆饼，让人在阴雨连天的低地之国感到莫名的温暖；工作时在城市间奔波，就在火车站入口标注着"FEBO"字样的黄色自动食品贩卖机上来一份酥炸土豆肉泥丸子（kroket / bitterbollen），一个荷兰盾[1]的美味，解馋又便捷。1691 年法国波旁王朝太阳王的厨师做出了第一份土豆丸子，1830 年时荷兰国王威廉一世的厨师找到了这个食谱，做出了荷兰版的丸子。一直到二次世界大战前夕，这道菜一直为荷兰中上阶级所偏好。后来，精明的寻常人家发现丸子里可以加入隔夜的炖肉和面包碎一起炸，土豆丸子才成了荷兰人民最爱的开胃点心。我的荷兰美食名单里还必须要生吃的新鲜鲱鱼，荷兰人每年要吃掉 8 千 5 百万条鲱鱼！五月的海牙斯海弗宁根海滩（Scheveningen）上，大家竞相品尝新打捞上来的鲱鱼（nieuwe haring），吃时用手拿着鱼尾，要侧头 45 度一口吞下！

---

①时值通用欧元之前，1 荷兰盾约合 3.5 元人民币。

从荷兰美食中还能一窥荷兰人过日子精细和坚韧的天性。比如家常浓豌豆汤（"snert"或者"erwtensoup"），这道在寒冷季节出现在百姓人家餐桌上的汤，以对剖两半的干豌豆为原材料，加上猪耳朵、猪蹄、熏肉、胡萝卜、芹菜根和芹菜叶烩制而成。我的荷兰好友玛瑞安曾花了大半天时间为我煮过这道汤，做好后，她特意从厨房拿来一把木勺，让我插在汤里，如果木勺能自己立在汤里就说明够稠、汤做得地道。我忘了木勺是否立在汤里了，但那香浓的味道和好友的赤诚情谊到今天还一直记得。

在荷兰生活的这些年，这些朴实无华又温暖的家常吃食抚慰着我的胃口和心灵。然而真正让我把荷兰和美食这两个词联系在一起的，却是一幅幅荷兰黄金时代的巨匠们描绘的食物静物画。

每到一处美术馆，我最爱的展区就是17世纪荷兰画派，这其中我又最喜爱以食物和宴飨为主题的静物画。这个曾经的商贸重地、香料王国对美食的痴狂和热爱，通过巴洛克风格的巨幅画作向我们抛出一连串来自彼时的美食密码。生活在17世纪初的荷兰静物画家亚伯拉罕·冯·贝仑（Abraham van Beyeren）是位出色的宴会描绘大师，他的静物画被称作"pronkstilleven"（或者pronk），意为炫耀。在当时自比巴黎的荷兰海牙，王公贵族的宅邸里轮番举办令人炫目的豪宴。他画笔下正好捕捉了这些流金时光：大马士革桌布上摆满了珍禽异果，大个的龙虾爪子像是要从画布上伸出来，昂贵的威尼斯玻璃器皿反射着餐桌上银器发出的冷光，来自中国的蓝白瓷器上画着荷兰的花卉或是家族纹饰，盛着啤酒的锡罐和装满热带水果的果盘，螃蟹，牡蛎，削出螺旋形的柠檬皮。

《宴会静物》（1667）
亚伯拉罕·冯·贝仑（Abraham van Beyeren）
（1620-1690）
（洛杉矶艺术博物馆，加利福尼亚，美国）

　　这样的盛宴场景在 1669 年出版的荷兰食谱《有心的厨师》（*De Verstandige Kok*）中也有翔实描述。前菜有沙拉、滴上橄榄油的冷制蔬菜盘，还有各种鱼肉大菜，饭后有奶酪拼盘、坚果和甜点。如果还觉得不够，那就来点儿掺了桂皮和糖的热红酒消食。书中还有沙拉、甜点、汤、家禽和海鲜的各种做法。不但食材包括星椋鸟和云雀这样的珍禽，在大菜做法上也可圈可点，比如"烤鹅配姜黄根和椴梓糕"，这道菜的搭配拿到几百年后的今天也新奇出彩。

与奢华场景的静物画相比，更多的荷兰静物画家描述的则是普通又温馨的常见食材和日常饮食。荷兰阿姆斯特丹国立博物馆（Rijksmuseum）里收藏着很多荷兰黄金时代的静物画作。比如哈莱姆派的皮特·克莱兹（Pieter Claesz），威廉姆·克莱兹·海达（Willem Claesz Heda）和让·大卫·德·海姆（Jan Davidszoon de Heem），他们擅长对一瓢一饮的简朴餐桌进行诗意的描绘：沉静的深色背景中，银器和水晶熠熠生辉；随意摆放的浅色桌布斜拉着铺在桌子上，形成生动的褶皱；代表上帝恩赐的橄榄，来自新世界的奇异水果，还有看得见切痕的硕大奶酪，流出红色汁液的浆果派，桌子上放着外皮削成螺旋状的柠檬，敲碎壳的坚果，吃了一半的点心，盛在锡盘里撬开的依然鲜灵带汁的生蚝，这些富有动感的细节让人感到餐桌上的吃喝直至此刻还未终结。

作为美食和绘画爱好者，我对17世纪的荷兰饮馔静物画情有独钟，画中的各种细节让我感到份外亲切，画面上看似凌乱的摆设仿佛是向正在看画的人发出邀请。正如肯尼思·本迪那（Kenneth

Bendiner）所说，荷兰静物画让观众身临其境的画法源于荷兰新教义。他们认为，个人和上帝的交流远比任何机构的救赎仪式来得重要。画中最常见的皮削成螺旋状的柠檬是生命的象征，意味着每个个体都应该解放精神，从束缚中得到释放。这是画中荷兰美食自带的人文主义的柔光。

　　遗憾的是，荷兰黄金时代的饮馔辉煌并未延续太久，英荷战争后，荷兰不得不把很多殖民地割让给英国。加上当时快速增长的人口，给自然资源带来了不小的压力，荷兰人从此不得不更节俭地生活。那些家中悬挂着昔日盛宴静物画的贵族家庭，也和普通人家一样开始精细地盘算，过起节俭又不失体面的日子。19 世纪时的一本家政书《完美的节俭厨房女仆奥吉》（*Aaltje, de Volmaakte en Zuinige Keukenmeid*）是当时各阶层通用的家政厨房指南，书中的关键词就是"节俭"。20 世纪时教女子勤俭操持家务的家政学校面向各阶层适龄女子招生，在这里她们学习如何为家人准备简单便宜又有营养的饭食。从此以后，那些烹制过程繁琐，放入大量珍稀调

味品的传统荷兰美食被大大简化了，餐桌上的花样也减少了。让·大卫·德·海姆和皮特·克莱兹的静物画中，荷兰美食曾有的生动多彩渐渐被人们遗忘在脑后。

　　如果让伟大的艺术家们描绘今日的荷兰餐桌，我们看到的将是作为午饭的简单的裸麦黑面包片夹上奶酪和火腿做成的三明治，还有晚饭时的"三位一体"——即一份肉两份菜的实用菜式。然而越来越多的人认为荷兰饮食有提升的空间，和这些坚定的美食信徒一样，在一次次回访荷兰的时候，我总在努力寻找荷兰美食复兴的迹象：阿姆斯特丹的熏肠，斯希丹的单一麦芽金酒，腌鲱鱼和各款成熟干酪。刚刚结束的特塞尔岛（Texel）旅行，让我的荷兰美食名单里又多了特塞尔羊肉和杏仁蛋糕。荷兰得天独厚的生态农业，让很多大厨找到了灵感，并重拾再造传统荷兰菜单。越来越多的荷兰餐厅开始推出带有新意的荷兰传统美食菜谱，一些被遗忘的食材也得到了再生。瓦赫宁根（Wageningen）米其林一星餐厅 O Mundo 提供的四道菜菜单上，可以看到婆罗门参，芜菁，大头菜，高达奶酪这

些荷兰经典食材，通过厨师们的新式烹饪手法，我尝到的是实在的荷兰味道。阿姆斯特丹有家 pop up 餐厅，2013 年底开业，只开一年。隔年 4 月我们特意去尝鲜，菜单设计以"世界美食"为主，与广受欢迎的法国菜，意大利菜和亚洲菜比肩的是一道道毫不逊色的怀旧荷兰菜：鲜鲱鱼沙拉，小牛肋间牛排配黄油土豆泥和鸡油菌，鲽鱼配奶油豌豆胡萝卜泥，茴香头配鲱鱼点缀印尼虾片。我在写稿时点开餐厅网站，发现还有 120 天 11 小时 26 分钟餐厅就要关门了，遗憾之余特意去信询问，很快收到餐厅回复，说是因为餐厅的创意和菜式都大受欢迎（人们对新式荷兰菜尤其热衷！），所以这家餐厅在 pop up 结束后将另觅固定地址继续营业。没有什么比这个消息更能代表荷兰美食振兴的方兴未艾了。

《鲱鱼和啤酒静物》（1636）
皮特·克莱兹（Pieter Claesz）
（1597-1661）
（鹿特丹波伊曼·凡·布宁根博物馆、荷兰）

　　两周前我再次站在鹿特丹波伊曼·凡·布宁根博物馆 (Museum Boijmans van Beuningen) 大厅里欣赏皮特·克莱兹的《鲱鱼和啤酒静物》。典型的深色背景中，大马士革白色桌布随意地铺在餐桌上，啤酒，鲱鱼和白面包，敲碎的榛子壳，昂贵的威尼斯吹制玻璃杯和精美的刀子，无不散发着旧时悠然生活的随意和富足。从这幅画中我也看懂了荷兰美食的隐喻：简单却不失讲究。有了安详和恬然的每日生活，简餐即完美。

玛瑞安的豌豆浓汤

Marianne's Pea Soup (erwtensoep)

别看做一次豌豆浓汤有点费时，一次多做点分成份儿放在冷冻室里。就像荷
兰人家入冬把汤放在室外冻好，想吃随时用刀切下一块加热一样。冰箱里有
这样一道有异域风情的浓汤，绝对可以作为家宴待客的头盘。

准备时间：12 小时（提前泡豆子） 制作时间：3 小时 40 分钟

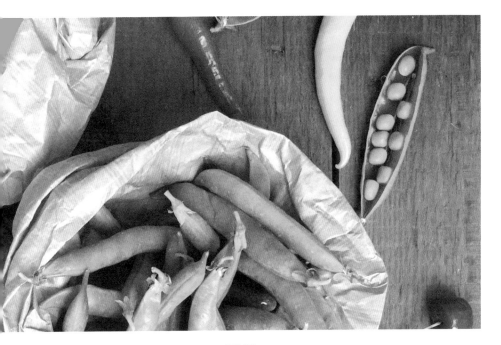

原料

- 两杯干豌豆；
- 1 升凉水；
- 1 只猪蹄；
- 1 只猪耳；
- 一杯切碎的咸肉；
- 4 根法兰克福香肠；
- 4 个中个土豆；
- 1 个芹菜根；
- 一把芹菜叶子；
- 2 棵韭葱；
- 2 个洋葱；
- 少许盐。

做法

[1]

清洗干豌豆，放在清水里浸泡 12 小时。用泡豌豆的水煮豆子，用时两小时。加入猪蹄、猪耳朵和咸肉，再煮一个小时；

[2]

在锅中加入土豆、切成碎粒的芹菜根、韭葱和芹菜叶，少许盐，煮到全部食材熟透（25 分钟），最后 10 分钟加入切成段的法兰克福香肠。汤慢煮时间越长就越入味（玛瑞安说她的汤至少要煮一上午）。

林堡樱桃派

Limburg Cherry Pie (Limburgse Kersenvlaai)

准备时间：1.5 小时　烘焙时间：30 分钟

——— 原料 ———

派坯

- 200 克面粉；
- 50 克杏仁粉；
- 40 克白砂糖；
- 100 毫升牛奶；
- 30 克黄油，融化后备用；
- 1 个鸡蛋；
- 7 克酵母粉。

填馅

- 250 毫升樱桃汁；
- 50 克玉米淀粉；
- 55 克白砂糖；
- 700 克酸樱桃（罐头和冷冻的都可以）。

——— 做法 ———

[1]

烤箱预热 180 ℃，准备一个 23 厘米直径的圆形派模子，底部四周刷上融化的黄油，在模子底部放上烘焙用烤纸；

[2]

用一口小奶锅加热牛奶和黄油到温热，放入酵母搅拌。把牛奶酵母液放入面粉和杏仁粉中，加入鸡蛋和面。手揉 5 分钟左右，加入少许盐再揉 5 分钟。揉好后整形，盖上湿布静等面团发酵，大约一小时左右，面团发至原来的两倍大就好了；

[3]

拿出三分之二的面团，擀成 30 厘米的圆片，放入派模子里。剩下的面团在烘焙用烤纸上擀成一个直径是 23 厘米的圆片，上面可以切割出大小随意的圆洞，切好后盖上保鲜膜放入冰箱待用；

[4]

在小锅里放入樱桃汁、玉米淀粉和白砂糖，搅拌均匀后在中火上加热，边加热边搅拌，直到汤汁变得浓稠，放入樱桃。将樱桃填馅放在大碗里备用；

[5]

在派模子里的底部派坯上抹上少许水（或牛奶），便于随后封口。然后放入樱桃填馅。此时从冰箱里取出上一层派坯，用擀面棍协助放在樱桃馅的最上面，将上下两层派坯按紧在一起；

[6]

烤制 25~30 分钟，吃的时候撒上糖粉。

为什么法国人谈吃
必提里昂

法式香草白奶酪蘸酱 / 里昂苹果煎饼

Cervelle de Canut / Matefaim Lyonnais

1925 年，法国美食评论家科侬斯基（Curnonsky）把"世界美食之都"的美誉献给了里昂。可此刻，当诸如圣塞巴斯蒂安，哥本哈根，墨尔本这样更新兴的、更酷的世界美食之都相继出现时，里昂还能保留这顶桂冠吗？带着这个疑问，我来到了里昂。

　　地处欧洲中心的里昂的确是得天独厚的美食之都。这里丰富的地方特产让法国其他省份望尘莫及：地处博若来（Beaujolais）、勃艮第（Burgundy）和罗纳河谷（Côtes du Rhone）三大酒区，又有来自奥弗涅(Auvergne)、多芬(Dauphiné)、法兰琪·康堤(Franche-Comté)和萨瓦省(Savoie)的优质禽类、肉、香肠和奶酪，加上爱恩湖区 (Ain)的鲤鱼和淡水龙虾、布雷斯鸡（Bourg-en-Bresse）和夏若来（Charolais）牛肉……，光是把里昂特产一一写下来就是个浩大的工程。难怪美食作家威施伯格（Joseph Wechsberg）在到访里昂后曾感慨道："美国人谈车必提底特律，法国人谈吃必提里昂。"

　　人口不到五十万的里昂，城里却有近两千家餐厅（其中包括16 家米其林星级餐厅）。这些餐厅的菜谱上写满以里昂地方特产为主要食材的名菜：拉伯雷（François Rabelais）的《巨人传》里记述的高康大的父亲最爱吃的下水肠（andouilles），今天仍是里昂菜馆的看家菜；放了小羊腿、鸡肝、煮鸡蛋和腌鲱鱼的里昂沙拉（salade Lyonnaise），名字听起来很素，吃起来每一口却都是货真价实的"硬货"；用名贵的布雷斯鸡作原料，在鸡皮下塞满黑松露做成的"慢炖鸡"（la volaille demi-deuil）、葡萄干炖鹌鹑、还有真正里昂人每周必吃几次的鱼糕（quenelles）、里昂玫瑰香肠（rosette）……有句来自里昂的名言说的好："干活时我们适可而止，吃饭可得精益求精（Au travail, on fait ce qu'on peut mais, à table, on se

force）。"在里昂，好像随便一餐都能让人吃得心满意足。

即便如此，我还是在出发前准备了详尽的美食计划。我们住在里昂 2 区，这里地处索恩河（Saône）与罗纳河（Rhone）围起的呈 V 形的狭长地区，离河岸边的露天市场近。从住处出来沿拉菲耶特（Lafayette）大街一直往西走就是远近闻名的中心市场（Les Halles Paul Bocuse)。住处附近的美味餐厅也一间挨着一间，出门就可以尝到地道的里昂菜。尽享美食之外，我还想看看里昂的古罗马剧场、沿着河岸散步并在老城区的廊道（traboules）里转转、去里昂美术馆朝圣。所以我必须在有限的时间里"高效"体验里昂美食，为此，我选择了最有当地特色的"里昂家常酒馆"——bouchon 作为第一站。

家常酒馆（bouchon）是里昂餐饮特色之一。Bouchon 一开始时是为丝织工人提供食宿的小馆，如今成了典型的里昂家常酒馆专用词。为确保酒馆提供正宗和高质量的饭菜，2013 年里昂商业部门

专门给最正宗的 23 家 bouchon 颁发专用标识。标识上的季诺木偶人（Guignol）也源自里昂，这个众人皆知的形象格外令人信得过。

地处里昂 2 区的一间正宗 bouchon——"金锅餐厅"（Le Poêlon d'Or）的建筑被联合国教科文组织评为世界遗产。一进门满目红彤：厚重的绣有红色高卢鸡的落地窗帘，木桌上铺着红白格相间的桌布。桌子上摆着 bouchon 里专用的球形杯身红酒杯，餐厅的中心位置有个半围起来的木质柜台，柜台一角摆满里昂瓷酒罐，柜台上方悬挂着各种腌肉火腿。这样的传统装潢，让人感到可亲又放松，像是在邻居家做客一样。打开餐厅菜单，满眼让人垂涎的美味，看到小牛头、玫瑰肉肠、牛肚、鱼糕、鹅肝洋蓟、酥炸猪血肠这些生猛鲜活的菜名，我知道一场别开生面的美食之旅已经拉开了序幕。

我点了蜂蜜百里香烤圣马赛琳（Saint-Marcellin）奶酪吐司。产自里昂附近村庄的这款奶酪，含脂量超过百分之五十。上桌时，内

芯恰到好处地烤到微融，把松脆的吐司放在半融的奶酪中间，裹着溢出的奶酪浓浆吃；另一道前菜是洋蓟酿鹅肝，这道一个世纪前被"里昂妈妈"费永（Mère Fillioux）创出的名菜，是在煮好的洋蓟心里填上满满的鹅肝，这两样古风十足的原料配在一起，好吃又有趣；用蜂蜜醋和芥末蘸食的酥炸血肠，是我这个重口味爱好者的最爱；作为开胃小菜上桌的各式里昂风干肠，在门外汉眼里看似一样，其实味道各有细微不同：切开后横截面是长梨形，口感略微粗糙的是"里昂的耶稣"（Jésus de Lyon），还有最出名的里昂玫瑰肠（rosette de Lyon），名字听起来挺浪漫，但鲜为人知的是，因为使用猪直肠肠衣包裹，所以"玫瑰"色其实指的是猪的肛门。当主菜——用猪头和猪舌头为原料，用白兰地调味做的萨博代（sabodet）香肠上桌时，我彻底明白了"猪浑身都是宝"这句里昂谚语。除了饭菜正宗，小酒馆里轻松快乐的气氛也同样迷人。来这里吃饭的食客图的是美味和实惠，因此邻桌的客人们都是趣味相投的，所以等菜喝酒，或是饭后喝咖啡的工夫就能拉上几句家常。

我的里昂美食之旅胜利开篇。随后我又试了几家不同的

bouchon，尝到了更多的里昂香肠，各种花样做法炮制的下水，还有饱蘸着艳粉色坚果糖浆的里昂甜点——果仁派（tarte aux pralines）。用料精良的里昂菜又被称作是"妈妈菜"，19世纪末期开始涌现出一位又一位"里昂妈妈"（les mères Lyonnaises），这些妈妈们都有着坚韧的个性和壮实的身材。第一位获得米其林指南三星荣誉的女厨师布拉齐（mère Brazier），她的启蒙老师费永妈妈（mère Fillioux ），盖伊妈妈（mère Guy），珍妮妈妈（mère Jean），爱丽丝阿姨（tante Alice）……，她们的饭菜就像是专门做给心爱的家人朋友吃的，做法简单，食材过硬，通常使用大量奶油和黄油。即便不用黄油，也要用鹅肝或是松露增加厚重的口感。

这不禁让我想到《终极美味》（Une Gourmandise）一书里，年轻的食评家乔治在回忆祖母时说的话，"她的手艺对我来说是个神奇的宝库……我祖母精力充沛，充满旺盛的生命力，这使得她调理的食物也充满活跃的生命力"，"没有任何一个厨师做菜的方式和我们的祖母们相同。也就是家庭主妇在自家厨房的私人料理：一个有时不是那么精致的料理，总是带一点'家常式'，也就是说营养又具饱实感，可以'填饱肚子'……，她们的料理是她们的诱饵，魅力，吸引力——也正是这一点创造她们的灵感，使她们的料理独一无二……"。

里昂妈妈菜能从自家厨房的私人料理幻化成饕客们的最爱，这与几个世纪以来里昂的地方美食历史有

很大关联。16 世纪的里昂是欧洲的美食书著作之都。预言家诺查丹玛斯（Nostradamus）也是位美食作家，尤其擅长做果酱。他写于1555 年，在里昂出版的《果酱制法》（*Le Traité des Fardements et des Confitures*）一书中，详细记载了可以"呈送给国王和王子"的榅桲果冻和梨干，还有"封存一年后尝起来还像刚摘得时的樱桃酱"的做法。15 世纪末至 16 世纪中叶，里昂是欧洲的首都，商贾往来，政治联盟，文化交流的助推剂就是美食和盛宴。1548 年一次在里昂举办的接待瑞士大使的宴会上，用到了十余种海鱼和河鱼、蜗牛、乌龟和鲸鱼的舌头！宴会上还大量使用玫瑰水，除了用于烹饪，这93 升玫瑰水是用来给贵宾洗手用的。

进入 18 世纪，法国美食开始关注于地方特色。于是里昂菜就恰逢其时地被视为法国菜的样板（难怪如今巴黎的酒馆里，最受欢迎的几道菜，如白兰地烩小牛腰，鸭肉派和芥末下水肠其实都是里昂菜）。这种菜并非出自于宫廷城堡，而是自家妈妈手把手传下来的家常美食。当时最有名的大厨亚历山大·杜马纳（Alexandre

Dumaine）就说过"我们有法国这块风水宝地，物产丰富，品种众多，只要老老实实地做厨师，就能烧出好菜来"。里昂老城区里的"里昂人壁画"（fresque des Lyonnais），近千平米的建筑外墙上画满里昂历史上的名人。壁画上最显眼的位置不是留给卢米埃兄弟、《小王子》的作者圣埃克苏佩里，或是克劳迪一世，而是画上了里昂大厨保罗·博古斯（Paul Bocuse），可见美食传统在里昂的根深蒂固。

里昂这片美食热土也不断吸引着异地厨师前来开设餐厅，城中13家米其林评审推介餐厅（bib gourmand）中，一多半是由来自里昂之外的大厨操持的。他们用里昂顶级食材制作新式料理，在风格和味道上博采众长，为习惯口味厚重的里昂家常酒馆菜的人们提供了新的味蕾享受。在 Le Palégrié 餐厅享用"季节美味"时，我尝到了带有日本高汤风味的鲜贝头盘，还有炙烤后皮香肉酥的猪肉搭配清早采来的杏味野蘑菇，甜点的栗子蓉冰淇淋也爽口怡人。

法国文艺复兴时期重要的人文主义作家，《巨人传》作者
弗朗索瓦·拉伯雷（François Rabelais）
（1494-1553）

　　离开里昂前一天，我来到里昂美术馆参观。时近正午，当我流连于一幅幅鲁本斯，布鲁盖尔和普桑的名画，欣赏千年前的埃及和古罗马的雕塑时，一缕缕香气从美术馆餐厅脉脉袭来。我耸起鼻尖仔细分辨着香味：大蒜、黄油、意大利香菜。那一瞬间我忘了自己身在何处，而是本能地盘算着把放满大蒜、黄油和意大利香菜的焗蜗牛当作午饭。在快步走向餐厅的路上，我终于找到了此行的答案：在里昂，人们与美食是如此亲密无间，就连艺术的殿堂里也弥漫着真实的烟火味道。里昂人可能并不在乎自己生活的城市是否永远保有世界美食之都的桂冠，因为与美食息息相关的传统、热忱和全情投入已经是这里人们生活的一部分。

《巨人传》中，"每顿饭喝下四千六百头奶牛的奶"的大食量的庞大固埃Pantagruel。在庞大固埃和他父亲高康大的身上，我看到了法国文豪巴尔扎克的影子——他们同样食量惊人：100只生蚝，12块羊排，1只乳鸭，1只鹌鹑，鱼，水果，各种蔬菜，咖啡，开胃酒，餐后酒和席间的葡萄酒——据说这是巴尔扎克一顿饭的食量！

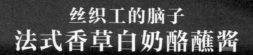
丝织工的脑子
法式香草白奶酪蘸酱

Cervelle de Canut

准备时间：10分钟　制作时间：5分钟

"九星名厨"阿兰·杜卡斯（Alain Ducasse）开在巴黎 2 区的里昂风味餐厅 Aux Lyonnaise 是我在巴黎想吃地道里昂菜时的首选。餐厅里提供的这道开胃小菜特别好吃，去过几次后，终于从餐厅领班那里得到了食谱。

这款醮酱奶香浓郁，却不腻口。喜欢的话还可以加入几滴柠檬汁。用来醮食烤面包，或者切好的胡萝卜、芹菜、菜花等非常美味，是理想的派对佐餐醮酱。

——— 原料 ———

· 250 克沥过水的法式白乳酪（fromage blanc）；
· 1 个小洋葱头；
· 1 瓣大蒜；
· 15 克浓奶油；

· 4~5 根意大利香菜 / 细葱 / 龙蒿；
· 2 茶勺坚果油 / 1 茶勺菜籽油；
· 少许盐和胡椒。

——— 做法 ———

[1]

白乳酪沥水，放在容器中备用；

[2]

把小洋葱头、大蒜和三种香草切得极细，加入白乳酪和浓奶油，搅拌均匀；

[3]

加入盐和胡椒调味；

[4]

加入坚果油和菜籽油，调匀即可。

里昂苹果煎饼

Matefaim Lyonnais

准备时间: 15 分钟 静置时间: 2 小时 制作时间: 20 分钟

—— 原料 ——

· 180 克面粉;
· 80 克砂糖;
· 2 个鸡蛋;
· 220 毫升牛奶;

· 3 个大个苹果;
· 25 毫升菜籽油;
· 40 克黄油;
· 少许盐。

—— 做法 ——

[1]
在一个大碗中搅打鸡蛋,加入一半白砂糖(40 克)和少许盐继续搅拌。加入面粉和油,搅拌均匀;

[2]
加入牛奶,搅拌至没有疙瘩,饼液光滑;

[3]
在室温里静置 1~2 小时;

[4]
苹果削皮去核擦成细丝,加入剩下的一半白砂糖。倒入静置的饼液里;

[5]
在一口厚底煎锅里放入黄油,融化后放入全部饼液。煎 5 分钟后,将煎锅放入烤箱,190℃,烤 15~20 分钟,直到煎饼两面金黄;

[6]
吃的时候可以配香草冰淇淋。

文艺复兴的
"甜牙"

榛子酱夹心泡芙
Hazelnut Praline Choux Puffs

"我想要一个盛满葡萄甘露酒和胭脂虫甜酒的酒窖，一书架的水果蜜饯，还有蛋糕、派、杏仁饼干和配上打发奶油的华夫饼"——小时候看《木偶奇遇记》，我总会不由自主地一遍遍跟着匹诺曹念出这一连串儿诱人的意大利甜点名。金色的琼浆玉液，泛着亮光的蜜饯果脯，撒满糖粉、中间有果酱夹馅的心形、圆形和螺旋形的曲奇饼干，顶着轻柔洁白奶油的蛋糕，还有用手一碰就会"窸窣"掉渣的千层酥皮点心，裹着厚厚糖衣的大粒杏仁……，意大利这颗地中海明珠是我心中的"甜点珍宝岛"。我们都有"甜牙"[①]，并无可救药地热爱甜食，我们不断进化的身体自动选择了最快捷的能量输送方式——吃甜食！因为糖分中的卡路里可以被迅速地传递到血管，让我们瞬间充满能量，这甜蜜的力量让人无法抗拒。

而文艺复兴时期的意大利人有比我们更敏感和更被骄纵的"甜牙"。始于 14 世纪后半期的文艺复兴，在亚平宁半岛上兴盛了两个多世纪。这个时期的诗歌、绘画、建筑、文学作品一代代流传下来，成为我们今日的无价瑰宝。恰巧，文艺复兴时期也是地中海商人们不断扩张自己"食物版图"的黄金时代——城邦操控和私人公司在殖民地独占着香料市场，托斯卡纳的新兴财富阶层也在文艺复兴初期显示出对美食的强烈兴趣——因为精美的食物正是社会地位和财富的象征。与中世纪人们笃信的可怖的地狱和遥不可及的天堂相比，尽情享受现实世界可见的美好和感官的乐趣才是文艺复兴倡导的"人文的乐趣"。

1600 年 10 月 5 日晚上，意大利佛罗伦萨老皇宫的五百人大厅里灯火通明，鼓乐齐鸣。身着华美衣装的贵族们和来自欧洲各国的

---

① "甜牙"一词直译自英语－sweet tooth, 意为喜好甜食（的人）。

《糖果静物画》（创作于 17 世纪）
乔戈·傅莱盖尔（Georg Flegel）
（1566-1638）
（画作现藏何处不详）

　　高脚银托盘上放满了蜜饯和杏仁味道的白色饼干 pistoia confetti，这些是文艺复兴时期的权贵阶层最心爱的甜点。据说，pistoia confetti（又称 birignoccoluto）是当时专门用在婚礼上的小点心。

使节，簇拥着玛利亚·德·美第奇，为她欢呼庆贺——今晚她是新娘。这位来自欧洲最有声望的美第奇家族的女子，终于如愿以偿地与法国国王亨利四世联姻。为了配得上这场轰动欧洲的婚礼，建筑师詹波隆那（Giambologna）特意被请来为婚宴设计雕塑，这可不是一般的雕塑，而是一尊尊用糖雕出来的仿真作品。糖雕的主题是大力神的十二道考验，除此之外还有用糖雕刻出的骑在马背上英姿飒爽的亨利四世。婚宴上精美的糖雕和参与婚宴设计的文艺复兴巨

匠们的多才多艺，在随后的几百年间一直被人们不断谈论着，也成为很多不朽名画的主题。

　　与大理石和青铜相比，因为糖雕可以承受自身重量，所以可供艺术家自由创造。尤其在用来表达转瞬即逝的细节时——一个转身，女士头上被风吹动的头纱，诸神头顶上轻柔的云朵，通过糖雕的表现手法，这些动态的微妙美感会显得更生动逼真。因此糖雕也成了文艺复兴宴飨餐桌上最具文化符号的装饰。文艺复兴巨匠艺术家达·芬奇、提香和设计了梵蒂冈教堂神龛的贝尼尼都曾设计过糖雕。

　　糖雕制作起来颇费周章，要先把融化的糖浆注入石膏或木制模子里，然后小心地晃动模子，确保糖浆均匀地流入模子的各个边角，凝固后脱模，糖雕就做好了。文艺复兴时期的意大利，通过糖雕将甜点和艺术结合，既是为了显示宴会主人的威望（想想当时高昂的糖价！），也是文艺复兴艺术家们通过仔细观察"上帝的脚凳"，用新的眼光再塑食物这一熟悉事物的最佳路径。

古罗马帝国后的第一间厨艺学校在佛罗伦萨诞生，学员数量恒定在 12 名。因为文艺复兴的代名词就是"多才多艺"，所以这间厨艺学校招收的学员都是艺术家。其中最有名的学员之一是画家安德利亚·德·萨托 Andrea del Sarto（正是这位艺术家在佛罗伦萨圣若望洗礼堂的桌面上画了香肠和奶酪）。每个学员在聚会时都要准备一道新菜，厨艺学校的荣誉学员、美第奇家族的"伟大的洛伦佐"（Lorenzo the Magnificent）还会即兴为甜点师写上一首歌。

与佛罗伦萨的"艺术家"厨艺学校相呼应，文艺复兴时的威尼斯，主办富有戏剧色彩的宴飨和文娱活动是隶属于不同"长袜俱乐部"的贵族青年们的专长。不同俱乐部成员所穿长袜的颜色不同，比如穿着橙色长袜的"勇敢者长袜俱乐部"，他们在 1524 年举办的宴会上，用象征意大利各个城邦寓言故事的糖雕装饰主餐桌。1530 年，在欢迎来自米兰的世家——斯福萨的宴会上，另一个长袜俱乐部设计了更加新奇的开场仪式：设在威尼斯总督府的宴会开始前，460 个侍卫托举着一尊尊糖雕沿着城中纵横交错的运河游行。一尊尊

用糖雕刻的逼真的维纳斯、海王星、水星还有希腊神话传说中的诸
神，让宾客们叹为观止。

　　王公贵族们大肆攀比糖雕之风越演愈烈，1562 年 10 月 8 日，
威尼斯议会颁布了《禁止在婚礼和私人宴请上使用糖雕》的法令。
其实这项法令背后的真正原因是惧怕有权有势的贵族以通婚为手
段，达到政治上的强强联合，婚宴上的大肆庆祝也因此被视为向权
利叫嚣。富有的权贵阶层当然没有把这项法令当作一回事。两年之
后，一个长袜俱乐部在叹息桥边组织了一场别开生面的宴会，1000
多名侍者端着上千盘盛有糖雕的银托盘宣告宴会的开始。

1574 年，当法国国王亨利三世到访威尼斯时，来迎接他的是
200 位威尼斯最美的贵族妇女。她们统一身着洁白长裙，披挂着熠
熠发光的珠宝。宴会进行时，教堂钟声悠扬，礼炮轰鸣，40 艘点
缀着蓝色和金色大马士革帷幔的冈多拉在运河上缓缓巡航。主宴会
桌上的糖雕是两只狮子，一位骑在马背上的女王，身边各有一只猛
虎。威尼斯城市的保护神大卫和圣马可、还有教皇，珍稀禽兽和花
草树木，希腊神话中的人物也悉数出现：雅典娜、赫拉克勒斯、帕
加索斯和黛安娜。就连宴会上的餐巾、桌布、刀叉、面包和盘子也
都是糖做的。亨利三世对糖雕工艺大加赞赏，并把宴席上展示的糖
雕中的 39 尊带回了法国。

佛罗伦萨的厨艺学校和威尼斯终年不停的宴飨庆祝都少不了
"糖"这个主题。 公元 8 世纪，撒拉逊人把糖带到威尼斯，并经
由威尼斯运往欧洲各国。1225 年的《航海日志》中，记录了威尼
斯进口的不同种类的糖：大块的、圆锥型的、冰糖、糖粉、用紫罗
兰和玫瑰加过味的糖，以及用植物燃料和胭脂虫染过色的糖。糖被
用于为几乎所有的菜肴（甜的或是咸的）调味。文艺复兴时期的菜
谱上，总会有这么一句："最后均匀地撒上一层砂糖"。文艺复兴
时期，意大利的"甜"是财富和权利的象征。宴会的流程是以甜口
小食开场，比如糖渍草莓、杏仁糖、果酱饼干，宴会收尾时更是有
杏仁口味的各式甜点，比如蜜饯和果冻。

因为糖价高居不下，所以文艺复兴时期，甜食还是权贵阶层独
享的美味：在出色的肖像画家布龙齐诺（Bronzino）的画作中，美
第奇家族三岁的佛朗西斯科·玛利亚，手握甜甜圈，面对观者露出
了舒心的微笑；用水或山羊奶调稀的荞麦汁，浇在从东方进口的厚
铁模子（panis obelius）上做出的华夫饼是宴会结束时的小食（铁模

子上大都绘有《圣经》中的宗教场景）。洛伦索·里皮（Lorenzo Lippi）总结过："舞跳完了，华夫饼也端上来了。公爵吃过之后，方才离席而去"；还有为主教的狂欢节（Mardi Gras）特制的甜点——象征欲望的油炸小团子；盛夏时最受王公贵族们欢迎的果味刨冰——美第奇家族特别聘请建筑师在波波利花园最荫凉的东北角搭建了冰窖（拥有冰窖在当时是身份的象征），从阿贝托山顶或是莱茵河谷运来的大块冰块，被用公牛或是驴车驮到碧堤（Pitti）宫；来自中东，外形像蚕宝宝般的白色杏仁糖，最初用来治疗消化不良，在糖业贸易的兴盛时期，经热那亚和威尼斯的商人带到意大利；还有放入胡椒、桂皮、肉蔻、葡萄干、番红花、香菜籽、小茴香、鲜葡萄、无花果干、杏仁、榛子、开心果和核桃等原料丰富的果料大面包也让人一吃倾心。

就像文艺复兴的艺术强调除了在视觉上悦目外，要有一个主题一样，享受甜食本身也是在观赏艺术。如果说糖雕是主人献给客人们的预先构想好的主题，那么参加宴会的客人们更可以"反客为主"，通过自制甜点来为宴会命题——著名画家、雕塑家、传记作家瓦萨里（Giorgio Vasari）记录了一场由布加迪尼和拉斯提希设计的宴会。宴会场地像是一个硕大的建筑工地，宴会上的贵宾都要变身为"手艺人"，或是"石匠"。充当临时包工头的客人给大家传阅建筑草图，并告知大家要在这片空地上建起一座甜点宫殿。话音未落，"建筑材料"被纷纷运过来：杏仁糖碎石子，乳清奶酪和糖做的大理石，

做成砖块形状的面包，蛋糕和鸡肝合成的承重组块。参与搭建"甜点宫殿"这样的趣事，让人不禁产生了身临文艺复兴的现场感。

梵蒂冈教廷图书馆的第一任馆长——人类学家普拉提纳（Platina），编纂了第一本印刷出版的食谱——《正当狂欢》（De Honesta Voluptate）。书中为"饕餮"正名，并强调吃喝作为身体上的享受是值得尊敬的。书中还特别提到糖，"我相信古时糖仅被用于医疗，这真是一大遗憾，我们因此缺失了多么大的一个享受——没有糖的调味，所有吃食都是那么索然无味。让我们把杏仁、松子、榛子、香菜籽、茴香、桂皮等等都做成甜点小食吧。"

当我们的"甜牙"蠢蠢欲动时，就可以理直气壮地为自己"正当的甜点狂欢"而辩护。

榛子酱夹心泡芙

Hazelnut Praline Choux Puffs

准备时间：15 分钟　烘焙时间：15～20 分钟

泡芙原料（制作 20 个泡芙）

· 60 毫升牛奶；
· 45 克黄油，切成小块；
· 半勺白砂糖；

· 一小撮盐；
· 70 克面粉；
· 3 个鸡蛋（小一些的鸡蛋）。

榛子酱原料

· 250 克马斯卡彭奶酪；
· 100 克打发鲜奶油；
· 2 勺糖粉；

· 半茶勺威士忌；
· 150 克琥珀榛子，用搅拌机打碎成粉末状。

—— 做法 ——

[1]

烤箱预热210℃，在烤盘上铺上烤纸，在挤花袋上安装好一个大口径的挤花嘴；

[2]

加热牛奶黄油，放入白砂糖和盐，再加入1/4杯水，中火加热，不停搅拌，黄油全部融化后，一次性加入面粉，用木勺不停搅拌，大约3分钟后离火；

[3]

面糊稍凉一些后，一个个加入鸡蛋（用两个半鸡蛋就可以了，剩下半个鸡蛋的蛋液用来最后刷在泡芙上）；

[4]

用挤花袋在烤盘上挤出20个直径3厘米左右的面团，在上面刷上蛋液；

[5]

放入烤箱烤15分钟后，把温度降到175℃，再烤15~20分钟；

[6]

烤好后，将泡芙一个个翻过来，在底部戳个小洞，放回已经关掉的烤箱中，直至彻底晾凉；横切开泡芙备用；

[7]

将马斯卡彭奶酪、打发奶油、糖粉和榛子碎搅拌成榛子酱，挤在切开的泡芙里。

私人食谱
收藏者

加泰罗尼亚海鲜烩面

Catalan Seafood Fideuà

　　厨艺爱好者都热衷于收藏食谱，不论是一次家宴的待客菜单、还是在餐厅吃饭时因一道美味而偶获的灵感，又或者是在杂志书籍上看到的诱人方子……，这些随机收集来的菜谱可能因为一时仓促，而被潦草地抄写在撕下的报纸空白边角上或是当日餐厅的菜单背后。如果像我一样热衷收藏菜谱，总会再重新工整地誊写在专门的食谱本上。

　　今年生日，我收到了朋友们合送的贴心礼物：一口直径 28 厘米、沉甸甸的传统法国厚壁大铜锅，和一本装订精美的食谱合集——《我们的家传菜谱》。每个好友都贡献出了自己的家传"秘方"，这一份份从祖母或祖母的祖母传下来的珍贵食谱，让我感动不已。这样的家庭食谱更像是一个个家庭的私人历史记录，里面有很多历史学家都不甚了解的细节。手捧着朋友们的手写食谱，我不禁想到历史上那些喜爱记录食谱的美食家，和他们无意间留给后人的珍贵的"个人口述美食历史"。

17 世纪的私人食谱

菲缇普蕾斯女士的
无所不包的"家政百科全书"

与现在大量印刷出版的各色菜谱相比，一本本带着久远历史的私人食谱记录更让我着迷。时隔多年，其中的一些终于得以出版发行，让我们在了解数百年间人们的饮馔风俗变化的同时，也了解到很多其他有趣的轶闻。

这其中就有一本名为《埃莉诺·菲缇普蕾斯食谱》的奇书。这是一位生活在 17 世纪早期名叫埃莉诺·菲缇普蕾斯（Elinor Fettiplace）的英国女士的手抄食谱笔记。她来自一个有着悠久历史的贵族家庭，这个家庭的祖先有曾经辅佐过"征服者威廉国王"的贵宾侍卫，13 世纪时，家族中还出了位牛津郡长。她生活的年代正值英国都铎王朝时期，那个年代会看书写字的女性寥寥可数，而菲缇普蕾斯的父亲是位开明的贵族，他鼓励自己的子女识字读书。由此，这本厚达 300 页、记录详细的"私人厨事"手抄本，才得以在四百年后的今天，由家族后人整理出版。

原有食谱抄写在一个牛皮笔记本上，上面盖着金色的印章，笔记本的尾页写有模糊不清的中世纪拉丁文。笔记本的扉页上印有"埃莉诺·菲缇普蕾斯女士（Lady Elinor Fettiplace）的字样"。手抄食谱一代代传下来，上面注满了 17 世纪晚期至 18 世纪的家族后人追加的笔记。

　　17世纪早期食谱书的特点是除了菜谱，也会记载很多药方及持家必需的一些技能。在菲缇普蕾斯女士的笔记中，不仅有各种应季食谱，也有如何制作果酱、酿酒，为家中病人开药（比如治疗让人闻风丧胆的"淋巴腺鼠疫"，即黑死病的药方，以及来自莎士比亚的女婿——豪尔医生的治疗鼻血的偏方），洗衣、做墨水和杀虫剂这样的17世纪家庭主妇的必备持家之术。除此之外，像菲缇普蕾斯这样受过良好教育的贵族女孩大都擅长跳舞、唱歌、吹笛子、缝纫和刺绣。

　　菲缇普蕾斯的记录让我们对当时的英国食制有了新的认识：从她的食谱中我们得知，在1604年的英国，已经可以吃到来自新大陆的糖和柠檬，塞维利亚的橙子和西班牙的甘薯，来自东方的雪利酒和加那利白葡萄酒，各种香料。然而那时还没有茶、咖啡、土豆、香蕉、甜橙。当时常见的"食品柜常备品"有玫瑰水、肉蔻和牛骨髓。书中还记录了一些带有神秘的中世纪和文艺复兴色彩的食材，比如麝香、龙涎香、乳香、没药、金箔和小粒珍珠。

　　回想一下《权利的餐桌》一书中对典型的"铺张奢华"的中世纪宴会的描述："宴会的级别取决于饭菜的量，菜越多越能表现宴会的气势。这一时间的人还是最喜欢吃天鹅、孔雀、鹤和鹭，一直到15世纪末都是这样……"，"去过毛的天鹅、野鸡和孔雀烤制以后，

不破坏原形，鸟的内腔放一块蘸了樟脑点燃的布，鸟的喙向外喷火。这样的鸟垫在熟肉上面，'活生生'地上桌，成为让宾客惊呼的一道风景。"因为在当时，"丰盛的宴席是表现主人荣光的重要手段"。与此相比，菲缇普蕾斯女士有着同时代人鲜有的现代意识，她和朋友们聚餐时从不铺张，她喜欢那些"富于想象力的，简单而精致的食物。"

1666 年，布瓦洛（Nicolas Boileau）在《怪异的饭菜》（*Le Repas Ridicule*）一书中，尖刻地批评了旧有的烹饪方式，并热烈地倡导"新厨艺"——反对烹制时间过长和重油重味，反对菜肴前期准备的繁杂，反对滥用香料，主张恢复食品的真实口味。而早于布瓦洛几十年，菲缇普蕾斯女士的菜谱中就篇篇可见带着清新气息的"新式食谱"：诸如用糖给肉类菜肴提鲜，搭配水果烹制肉类菜肴，用鸡蛋黄使汤汁变浓稠的窍门。菜谱中对细节关注也很多，比如怎样给卡仕达酱加稠，怎样做菠菜泥。四个世纪之后，我们依然使用着同样的方法。菲缇普蕾斯女士的菜谱为家庭餐桌提供了更多可能性，更亲民，并由此延伸出一整套更实用耐久的持家之道。

菲缇普蕾斯的记录还为我们了解当时英国农业社会经济学开了一扇窗："苹果来自自家果园，香草和鲜花就在花园里采摘；蜂巢里现取的蜜，早上挤出来的牛乳；每天都现烤面包，每隔一周酿一

次啤酒。跳蚤粉、老鼠药、除草剂、香皂和牙膏都是在庄园领地上自制的。"难怪她在记录完上述字句后，自豪地在后面加上了一句："完全没有浪费"。食谱中除了应季菜品的烹制外，还有把应季食品做成罐头的"储备保鲜"食谱："六月，收集雨水，做樱桃、梨、杏、草莓、覆盆子和酸浆果罐头"，"七月，小扁豆、黄瓜、核桃和玫瑰的保鲜"。

在她的启发下，她身边的女友也都纷纷开始记录自己庄园里的"家庭食谱"，朋友间的良性竞争使这样一本本传给后人的记录充满了弥足珍贵的历史细节。17世纪时，人们认为厨艺是一项需要感官想象和严密逻辑安排的严肃的工作，所以中世纪和都铎时代的妇女们都被婉拒在厨房之外。而菲缇普蕾斯女士记载的菜谱，详细生动，非常容易上手操作。她不是一个与厨房毫不沾边的贵族妇女，而是一位想法新颖、注重应季饮食、全面参与厨房和庄园事物的亲力亲为的美食家。

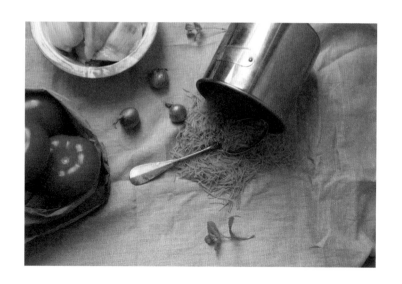

19 世纪的私人食谱

夏洛特·克拉克女士
与一段独特的英国民族史

　　两百年后的 19 世纪中期，另一位英国妇女也开始了她长达 50 年的"私人食谱记录"。夏洛特·克拉克（Charlotte Clark）女士在 1841 至 1897 年间，详细记录了填满 16 个厚厚笔记本的食谱。这些食谱都是她自用的，里面包括了在朋友家尝到的新奇美味，旅行途中向当地厨师讨来的珍贵食谱和自家待客的祖传食方。难怪著名的美食作家伊丽莎白·戴维（Elizabeth David）说过，克拉克女士的食谱书是她的最爱。

　　克拉克女士在同年代的女性中，算是见多识广的。她从小随父母到法国和意大利度假，婚后又随外交官丈夫在多国客居，旅途中的美食经历极大地开阔了她的眼界。克拉克的父母也都喜爱记笔记，母亲喜欢信手摘抄诗句和名人语录，记录园艺备忘录和法国戏剧的名字以及新书出版目录。在克拉克爸爸的笔记本上，诸如"如何在暴热的天气里保存现宰小羊"，以及"如何保存动物舌头"这样的条目，也让人耳目一新。在这样的家庭环境中长大，克拉克女士的食谱记录也就理所当然的丰富有趣。她的菜谱来自法国、意大利、瑞士、丹麦、俄国、西班牙、德国、葡萄牙、荷兰、奥地利、英国、苏格兰、威尔士和爱尔兰。可以说她的菜谱就是19世纪欧洲美食的集珍录。

翻看克拉克女士的食谱，让人感触最深的是各种食材的多样做法，比如书中包括"20种三文鱼、18种兔肉和19种鳕鱼的做法"。除此之外，不同的鱼、肉和家禽所配调味汁都各不同："螃蟹和小龙虾要配美奶滋酱；三文鱼可以配荷兰酱、芥末酱、辣味汁、塔塔酱……"；"牛排配生蚝汁、贝尔纳斯奶油酱、魔鬼酱……"；"乳猪配葡萄干酱、小牛头配蘑菇汁"；"水煮鸡配贝沙美酱、洋葱酱；慢炖鸡配栗子酱；炒鸡配马然古茄味汁……"。

这些食谱来自于克拉克女士家族的朋友圈。其中包括家族几代人雇佣过的厨师，其中一位叫贝特的厨房女侍曾在奥地利使馆服务过，她的"阿彭尼胡萝卜"食谱就是以时任大使的名字命名的。厨师中还有曾为罗斯柴尔德家族烹饪过的米兰神厨卡塔尔地。当然，和克拉克女士分享食谱的并不止专业大厨，慷慨的食谱分享者中有很多19世纪英国和欧洲的名人：法国皇后玛丽·安托内特的闺蜜的儿子百利来王子，他留下的食谱是"百利来王子蛋"；夸涅公爵

（Duc de Coigny）的狍子鹿食谱；知名旅行家伍尔夫博士的"面拖香肠"（把香肠放在约克郡布丁里烤制）；"有机化学之父"李比希（Justus Freiherr von Liebig）为"煮鲜肉"支招；克拉克夫人的好友南丁格尔在去拜谒女王前，也把"姜味酵母"的配方留给了克拉克。

克拉克女士的食谱正是一份珍贵的"英国民族史"。19世纪时，民族的概念开始体现，那时很多欧洲国家获得了独立，这同时也是一个产生大量烹饪文学的世纪，转瞬之间涌现出了很多用地方语言写成的关于吃的刊物和食谱。这种写吃、做吃的极大热情，只能在民族兴盛的大环境中才能被人理解并广受欢迎。这个大环境要把食物当成最重要的文化武器，直接触及每一个人并象征性地触及整个社会。在法国，"食谱成了建设国家特性的一个组成部分"。所以和同时代的法国名厨安托万·卡莱姆（Marie-Antoine Carême），美国的家庭厨师玛丽·蓝道芙（Mary Randolph）一样，克拉克女士的笔记也为当时英国的民族性添上了厚重的一笔。

20 世纪的私人食谱

阿莉丝·托克拉斯的战火"寻食记"和
她为客居巴黎的艺术家们烹制的"流动的盛宴"

　　克拉克女士收笔时，一位对现代艺术有着卓越贡献的女人在美国出生了。她早于同胞茱丽亚·查尔德半个世纪搬到巴黎定居，并精通法国烹饪。这位名叫阿莉丝·托克拉斯（Alice B.Toklas）的女士还有很多其他身份：作家、艺术鉴赏和收藏家、法国爱国奖章获得者、著名美国作家和收藏家葛尔楚德·斯坦（Gertrude Stein）的秘书、编辑、评论家，她也是葛尔楚德·斯坦的终身伴侣。阿莉丝更是朋友中出名的大厨。

　　葛尔楚德和阿莉丝的朋友几乎囊括了 20 世纪所有知名的艺术家和作家：海明威、菲茨杰拉德、毕加索、马蒂斯、安德森、艾略特……自 1903 年开始，斯坦兄妹开始了最早的现代艺术品收藏。电影《午夜巴黎》中，那场葛尔楚德和毕加索争论"阿德里亚娜"到底是静物画还是肖像画的一幕，就发生在他们共同生活过的巴黎左岸弗洛露丝大街 27 号的家中。1919~1926 年，正是新生派作家和艺术家频繁拜访巴黎这座"文艺圣殿"的黄金时期。

　　阿莉丝也是私人食谱收藏者和记录者，她的食谱部分收录在《厨房中的谋杀》一书中。书中收录了她和葛尔楚德招待曾客居巴黎的现代艺术家的宴会菜谱，这正是 20 世纪艺术家们在巴黎的一场场"浮动的盛宴"。此外，还有他们在给前线的法国和美国军队运送物资的回程路上，在战火中寻觅美食餐厅的经历，以及因此得到的一份份珍贵又正宗的法餐菜谱。第一次世界大战后，阿莉丝和葛尔楚德被法国政府授予"法兰西嘉奖奖章"（Medaille de la Reconnaissance française）。

　　阿莉丝也雇用过几位手艺不凡的厨师，其中就有和希特勒出生在同一个村子的厨师卡斯帕尔。他做的"林茨蛋糕"和"吉普赛炖牛肉"（gypsy goulash）让人一吃难忘。尽管如此，每到周日，葛尔楚德都会让厨师回家，因为这个时候，阿莉丝可以下厨"做些美国口味的菜"，比如玉米包，白汁炖鸡块，柠檬苹果派。他们的朋友毕加索在很长一段时间在饮食上有很多忌讳，所以在菜谱中就有阿莉丝特意为他准备的菠菜舒芙蕾和鱼的做法。

　　1906年旧金山大火时，阿莉丝从大火中"抢救"出两条大火腿，正是这样的经历使她在两次世界大战中始终保持着警醒又乐观的态度——1940年，德军战火在法国蔓延后，阿莉丝的直觉让她抢购

了两条大火腿，她变着花样把这两条火腿吃完，那段最艰难的时日也终于被捱过去了。战后巴黎物资依然匮乏，有一天门房先生送来一盒东西，打开一看，里面是六只雪白的鸽子——这是知道阿莉丝酷爱在厨室忙碌的好友送的（于是，就有了《厨房中的谋杀》这个书名）。朋友的心意变成了菜谱上的一道菜——"慢炖鸽子配酥面包"（braised pigeons on croutons）。

夏日里阿莉丝和葛尔楚德会邀上毕加索，按照美食指南上的线路，标出想要尝试的美食餐厅，然后一路寻去，大快朵颐。比如旅途中发现的里昂名馆"菲永妈妈"（La Mere Fillioux）餐厅，主厨菲永妈妈有切鸡秘诀，食谱中出现的放了名贵黑松露片的"菲永妈妈蒸鸡"就来自于她。鸡吃完了，拆下的鸡架上的肉还可以用来做饺子。隐居在法国一个小镇上的大厨伯格龙先生是位出色的厨师，他的菜谱被誉为"法国烹饪史"。他曾经对阿莉丝说过："一个真正的厨师应该是没有秘密的，他（她）应该知无不言，因此没有独家秘笈或是诀窍一说"。得到了他真传的阿莉丝，做出了美味的"勃

艮第公爵煎鸡"（Poulet sauté aux Ducs de Bourgogne）。

阿莉丝笔下的食谱既有两次世界大战及巴黎美好年代的饮馔轶闻，又有她和葛尔楚德跨越一个世纪的生动人生经历；既是一部现代艺术史，也更是献给 20 世纪巴黎的一部城记。

这三位生活在不同年代，社会地位和个人生活都迥然不同的女性的"私人食谱书"带有特别浓重的个人色彩。不同于专业厨师的食谱书，这一本本经年积累的私人食谱是美食笔记，也是日常生活的真实写照，更是她们所在年代的一个缩影。在她们的笔下，烹饪不再是无趣、重复无聊的家务事，而是生活的艺术和与家人朋友分享的快乐。记载着一份份诱人食谱的笔记，不仅是食物烹饪的记录，更是历史更迭、饮食风俗变迁的一个个私人历史记载。

如今，朋友们的这一册《我们的家传菜谱》与我的食谱笔记本摆在一起。这是一册属于 21 世纪巴黎的"国际美食卷"。 我仔细地清洗了铜锅，并翻开了朋友们的菜谱。

狄娜的"椰味豆子"这道菜，为保证吃得健康，她加了一句"在做的时候，我通常还加上些其他豆类，或是西兰花之类的菜，这样一来就保证了青菜的摄入量"，"别忘了调味，我喜欢肉桂味浓一些"；希瑟的"凯勒奶奶的拿波里风味意粉配肉丸子"，在菜谱开头，她特意写到"这可能是从一本 20 世纪 50 或 60 年代的美国食谱书或是杂志上抄来的，家里人都记不清了，但我们一直喜欢这个食谱！"她还细心地补充了细节："在用了这个方子九年之后，我们决定做的时候把酱的量加倍，我们还从面包房买来 400 克重的传统法式面包，然后做成蒜味面包搭配意面吃"；罗莎的"韩国牛骨汤"里写道："一定要趁热喝牛骨汤，最正宗的吃法是要配上一份韩国辣白菜！"；娜塔丽的"波本鸡"菜谱中还不忘溯源："做出这道菜的中国餐厅正好在波本街上，因此得名。"，仔细一看，方子的确是适合西方人口味的中餐"甜酸古老鸡"；热内的"懒人烤

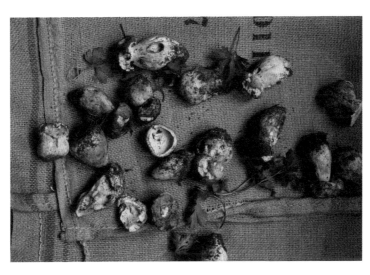

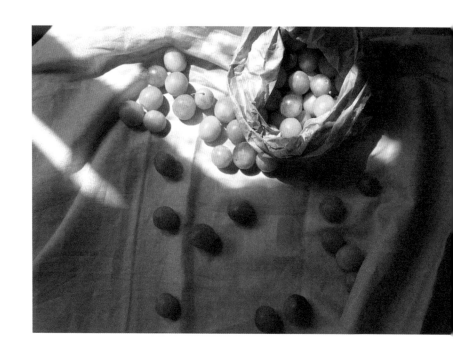

鸡"食谱只有两行半："混合所有调味料，与鸡肉一起放在保鲜袋中腌制 2~8 小时，然后进烤箱烤制"；索尼雅的"姜饼口味薄饼配枫糖奶油"，她自豪地写道："我只是想向你隆重介绍我们加拿大的美食（并希望你爱上！）！"；美国人吉尔和她的法国丈夫也爱收藏食谱，所以她就把自己手抄食谱书上的"家传红酒炖牛肉"这页直接给我复印了一份，因此食谱上还复印出了原来纸上的酒杯座留下的红酒印。

　　这一份份家传菜谱包含着朋友们的殷殷情谊。我们都是客居巴黎的异乡人，这些年，我们搭载着花都这个美丽的摩天轮，送老友离开，迎接新朋到来，是巴黎这个"家"，把大家召集在一起。我们经常聚会，话题天南地北，无所不包，但不管聊些什么，最后朋友们总会聚在厨房。这个朋友准备前菜，那个朋友带来了甜点，烤

箱里有"吱吱"作响的烘焙美味，炉子上煮着开胃的清汤。

　　巴黎虽是我们临时的家，但在我们的"国际厨房"里，有友情和美味，更有属于每一道菜的故事和趣闻。我手上的这一份份食谱，也正是每一个朋友家庭变迁和本国饮食风俗演变的小缩影。就算有一天我们散居在世界各个角落，当我翻开这本食谱，在锃亮的铜锅里放上佐料开始煮菜时，肯定会回想起这段独特的"巴黎食话"时光。我想在一次次的尝试后，朋友们的食谱肯定会被我加注上各式各样的笔记："做吉尔的'红酒牛肉'时，提前一天做好，第二天吃会更美味"；"罗莎的'韩国牛骨汤'，多放些香叶，汤头会更浓"；"狄娜的'椰味豆子'，放些柠檬叶提味口感更棒！"。

加泰罗尼亚海鲜烩面

Catalan Seafood Fideuà

准备时间: 30 小时　制作时间: 40 分钟

正宗吃法是要搭配加泰罗尼亚大蒜酱一起吃。大蒜酱做法: 8 瓣大蒜和少许盐放入搅拌机, 打碎, 加入两个鸡蛋黄后继续搅拌。然后再慢慢加入橄榄油, 直到浓稠度和蛋黄酱一样就可以了。

原料
（4-6 人份）

· 西班牙细面 (fideo) 500 克 （一定不能用其他意大利细面代替, 因为意大利面里含有大量鸡蛋, 做起来会产生面糊）;
· 鱼汤 2 升;
· 3 个西红柿, 不要籽, 切碎;
· 1 个洋葱, 切碎;
· 4 瓣大蒜, 切碎;
· 意大利香菜一把, 切碎;
· 手掌大的鱼肉块（按每人一块算）;
· 中等大鲜虾 10~12 只;
· 盐和胡椒少许。

做法

[1]

在一口西班牙海鲜饭专用锅里（或类似平底锅）, 放少许橄榄油, 炒香洋葱、大蒜、意大利香菜后, 放入鲜虾和鱼肉, 煎至 8 成熟, 取出虾和鱼肉备用。在锅里放入西红柿, 炒软后, 放入 250 毫升高汤, 将虾和鱼肉放回锅中, 煮 7~8 分钟。然后分别取出虾和鱼肉, 再将烩锅用的香料过滤出来;

[2]

在平底锅里继续加入 250 毫升高汤, 小火加热 15 分钟; 同时另取一锅, 放少许橄榄油, 不断翻炒西班牙细面, 直到面色金黄;

[3]

将炒好的细面放入高汤平底锅中, 不断翻炒加高汤, 直到面把余下的高汤全部吸收, 加入盐和胡椒调味, 放入 50℃ 烤箱中烘干 10~15 分钟口感更好。

图书在版编目（CIP）数据

在中西味蕾间游弋的食谱 / 陈楠著. -- 北京：电子工业出版社, 2016.9

ISBN 978-7-121-29786-1

Ⅰ. ①在… Ⅱ. ①陈… Ⅲ. ①食谱－世界 Ⅳ.①TS972.18

中国版本图书馆CIP数据核字(2016)第205189号

策划编辑：白　兰

责任编辑：张　轶

印　　刷：中国电影出版社印刷厂

装　　订：中国电影出版社印刷厂

出版发行：电子工业出版社

　　　　　北京市海淀区万寿路173信箱　　邮编：100036

开　　本：880×1230　1/32　印张：13　　字数：338千字

版　　次：2016年9月第1版

印　　次：2016年9月第1次印刷

定　　价：68.00元

　　凡所购买电子工业出版社图书有缺损问题，请向购买书店调换。若书店售缺，请与本社发行部联系，联系及邮购电话：（010）88254888，88258888。

　　质量投诉请发邮件至zlts@phei.com.cn，盗版侵权举报请发邮件至dbqq@phei.com.cn。

　　本书咨询电邮：bailan@phei.com.cn　咨询电话：（010）68250802

ISBN 978-7-121-29786-1

9 787121 297861 >

定价：68.00元

上架建议 美食

策划编辑：白 兰
责任编辑：张 轶
封面设计：古涧文化
内文设计：赵伟言